高等职业教育智能制造领域人才培养系列教材

智能制造装备
机械装配与调试

朱 强 吕 洋 陈昌安 编著

机械工业出版社

本书依据数控机床装调与维修岗位职业能力要求，按照最新高等职业教育"智能制造装备技术"专业教学标准（2022版）编写，在编写过程中参考了近3年全国职业院校技能大赛"数控机床装调与技术改造"赛项的技术要求及国家职业标准《数控机床装调维修工》中对中、高级工数控机床机械装调与维修的相关理论与技能要求。

本书详细介绍了智能制造装备核心制造单元数控机床与工业机器人的机械装配与调试的基础知识，并对数控车床、数控铣床（加工中心）、工业机器人核心机械部件的装调进行了图文并茂的详细讲解，全书语言组织简明扼要、浅显易懂，内容选取贴合实际、突出应用。本书主要内容包括绪论、智能装备车削机床机械部件装配与调整、智能装备铣削机床（加工中心）机械部件装配与调整、数控机床位置精度检测与补偿、数控机床安装调试与验收、工业机器人机械装配与调试、机器人夹具与气动平口钳安装与调试。

本书可作为高等职业院校装备制造大类数控机床机械装调相关课程的专业教材，也可供其他相关专业的师生及数控机床装调与维修岗位的技术人员参考。

为便于教学，本书配有电子教案、电子课件、理论试题、操作视频等相关教学资源，凡购买本书作为授课教材的教师可登录www.cmpedu.com注册并免费下载。

图书在版编目（CIP）数据

智能制造装备机械装配与调试 / 朱强，吕洋，陈昌安编著. -- 北京：机械工业出版社，2024.7. --（高等职业教育智能制造领域人才培养系列教材）. -- ISBN 978-7-111-76188-4

Ⅰ. TH17

中国国家版本馆CIP数据核字第20247ZJ189号

机械工业出版社（北京市百万庄大街22号　邮政编码100037）
策划编辑：赵红梅　　　　　责任编辑：赵红梅　章承林
责任校对：曹若菲　丁梦卓　　封面设计：马若濛
责任印制：李　昂
河北京平诚乾印刷有限公司印刷
2024年10月第1版第1次印刷
184mm×260mm・15印张・362千字
标准书号：ISBN 978-7-111-76188-4
定价：47.00元

电话服务　　　　　　　　　网络服务
客服电话：010-88361066　　机　工　官　网：www.cmpbook.com
　　　　　010-88379833　　机　工　官　博：weibo.com/cmp1952
　　　　　010-68326294　　金　书　网：www.golden-book.com
封底无防伪标均为盗版　　　机工教育服务网：www.cmpedu.com

序

职业教育是国民教育体系和人力资源开发的重要组成部分。党中央、国务院高度重视职业教育改革发展，把职业教育摆在更加突出的位置，优化职业教育类型定位，深入推进育人方式、办学模式、管理体制、保障机制改革，增强职业教育适应性，加快构建现代职业教育体系，培养更多高素质技术技能人才、能工巧匠、大国工匠，为促进经济社会发展和提高国家竞争力提供优质人才和技能支撑。

《国家职业教育改革实施方案》（以下简称"职教20条"）的颁布实施是《中国教育现代化2035》的根本保证，是建设社会主义现代化强国的有力举措。"职教20条"提出了7方面20项政策举措，包括完善国家职业教育制度体系、构建职业教育国家标准、促进产教融合校企"双元"育人、建设多元办学格局、完善技术技能人才保障政策、加强职业教育办学质量督导评价、做好改革组织实施工作，被视为"办好新时代职业教育的顶层设计和施工蓝图"。职业教育的重要性也被提高到"没有职业教育现代化就没有教育现代化"的地位。

2022年5月1日《中华人民共和国职业教育法》颁布并实施，再次强调"职业教育是与普通教育具有同等重要地位的教育类型"，是培养多样化人才、传承技术技能、促进就业创业的重要途径。"职教20条"要求专业目录五年一修订、每年调整一次。因此，教育部在2021年3月17日印发《职业教育专业目录（2021年）》（以下简称《目录》）。《目录》是职业教育的基础性教学指导文件，是职业教育国家教学标准体系和教师、教材、教法改革的龙头，是职业院校专业设置、用人单位选用毕业生的基本依据，也是职业教育支撑服务经济社会发展的重要观测点。

《目录》不仅在强调人才培养定位、强化产业结构升级、突出重点技术领域、兼顾不同发展需求等方面做出了优化和调整，还面向产业发展趋势，充分考虑中高职贯通培养、高职扩招、面向社会承接培训、军民融合发展等需求。为服务国家战略性新兴产业发展，在9大重点领域设置对应的专业，如集成电路技术、生物信息技术、新能源材料应用技术、智能光电制造技术、智能制造装备技术、高速铁路动车组制造与维护、新能源汽车制造与检测、生态保护技术、海洋工程装备技术等专业。

在装备制造大类的64个专业教学标准修（制）订中，"智能制造装备技术"专业课程体系的构建及其配套教学资源的研发是重点之一。该专业整合了机械、电气、软件等智能制造相关专业，是制造业领域急需人才的高端技术专业，是全国机械行业特色专业和教育部、财政部提升产业服务能力重点建设专业。"智能制造装备技术"专业课程体系的构建及其配套教学资源的建设由校企合作联合研发,在资源整合的基础上编写了《智能制造概论》《智能制造装备电气安装与调试》《智能制造装备机械装配与调试》《智能制造装备故障诊断与技术改造》《智能制造装备单元系统集成》系列化教材。

这套教材按照工作过程系统化的思路进行开发,全面贯彻党的教育方针,落实立德树人根本任务,服务高精尖产业结构,体现了"产教融合、校企合作、工学结合、知行合一"的职教特点;内容编排上利用企业实际案例,以工作过程为导向,结合形式多样的资源,在学生学习的同时,融入企业的真实工作场景;同时,融合了目前行业发展的新趋势以及实际岗位的新技术、新工艺、新流程,并将教育部举办的"全国职业院校技能大赛"以及其他相关技能大赛的内容要求融入教材内容中,以开阔学生视野,做到"岗、课、赛、证"教、学、做一体化。

工作过程系统化课程开发的宗旨是以就业为导向,伴随需求侧岗位能力不断发生变化,供给侧教学内容也不断发生变化,工作过程系统化课程开发同样伴随着技术的发展不断变化。工作过程系统化涉及"学习对象—学习内容"结构、"先有知识—先有经验"结构、"学习过程—行动过程"结构之间的关系,旨在回答工作过程系统化的课程"是否满足职业教育与应用型教育的应用性诉求""是否能够关注人的发展,具备人本性意蕴""是否具备由专家理论到教师实践的可操作性"等问题。

殷切希望这套教材的出版能够促进职业院校教学质量的提升,能够成为体现校企合作成果的典范,从而为国家培养更多高水平的智能制造装备技术领域的技能型人才做出贡献!

姜大源

前言

　　2021年教育部印发最新《职业教育专业目录（2021年）》，随即教育部职业教育与成人教育司印发了《关于启动〈职业教育专业简介〉和〈职业教育专业教学标准〉修（制）订工作的通知》（教职成司函〔2021〕34号），编著者有幸参与了高职"智能制造装备技术"专业教学标准的制订工作。在新制订的"智能制造装备技术"专业教学标准中，明确了智能制造装备的核心单元是数控机床，包括数控车床、数控铣床及数控加工中心，对这些数控装备的机械装配与调试提出了明确的教学要求和考核指标。

　　为落实"智能制造装备技术"专业教学标准的相关要求，培养学生对数控机床机械装调基本理论、基本专业知识的理解及应用，以提高学生的岗位职业技能与创新创造能力，依据校企合作共同开发职业教育高质量教材的理念，亚龙智能装备集团股份有限公司联合芜湖职业技术学院等双高院校，并参照近3年全国职业院校技能大赛"数控机床装调与技术改造"赛项的技术要求和国家职业标准《数控机床装调维修工》中对数控机床机械装调与维修的相关理论与技能要求编写了本书。

　　本书面向高等职业院校装备制造大类相关专业学生，书中内容选材新颖，案例丰富，图文并茂，语言组织通俗易懂，深入浅出。本书的编写遵循岗位职业能力的要求，体现教学做一体化的特色。本书内容编排上依据智能制造装备机械部件自身的特点，详细介绍了智能制造装备核心制造单元数控机床机械装配与调试的基础知识、数控车床机械部件装配与调整、数控铣床（加工中心）机械部件装配与调整、数控机床位置精度检测与补偿、数控机床安装调试与验收、工业机器人机械装配与调试等内容。

　　本书特点如下：

　　1. 为有利于弘扬社会主义核心价值观，体现科教兴国的爱国情怀，书中配有延伸阅读材料（二维码链接）。

　　2. 绪论及每个项目配套编写了一定数量的思考题，以巩固学生的学习效果，并开拓学生的创新思维。

　　3. 教学资源丰富，配套了教学PPT、电子教案、动画和视频，可供广大师生选用。

　　本书由朱强（芜湖职业技术学院）、吕洋（亚龙智能装备集团股份有限公司）、陈昌安（亚龙智能装备集团股份有限公司）编著。在本书编写过程中，亚龙智能装备集团股份有限公司的潘一雷、李岩，海天塑机集团、深圳市创世纪机械有限公司等单位和个人提供了大量的现场资料，亚龙智能装备集团股份有限公司的付强、曾庆炜、张豪、吴汉锋提供了技术支持及课件制作和视频拍摄工作，东南大学汤文成教授、芜湖职业技术学院江荧、芜湖职业技术学院葛阿萍、芜湖职业技术学院陈杰、武汉船舶职业技术学院周兰、宁波职业技术学院翟志永等专家提出了很多宝贵的修改意见，在此一并表示诚挚的感谢！

由于编著者对智能制造的理解和认识的局限，书中疏漏之处在所难免，恳请广大读者批评指正。

编著者

二维码索引

页码	名称	图形	页码	名称	图形
2	数控机床的定义及特点		42	回转刀架装置	
2	数控机床分类		47	四工位刀架的拆卸	
5	机械装配工艺基础知识		47	四工位刀架的安装	
9	机械装调常用工量具		54	六工位转塔刀架的安装	
18	智能装备车削机床的机械结构		63	十字滑台精度检测	
22	智能装备车削机床的主轴部件		79	智能装备铣削机床（加工中心）机械结构	
26	智能装备车削机床的进给部件		86	智能装备铣削机床（加工中心）的主轴部件	
31	智能装备车削机床Z轴拆装与精度检测		90	加工中心机械主轴装配与调试	

（续）

页码	名称	图形	页码	名称	图形
102	数控加工中心刀库装配与调试		206	工业机器人电缆更换	
111	智能装备铣削机床（加工中心）滑台的装配与调试		217	机器人快换与夹具的机械结构	
129	数控机床位置精度检测方法		224	机床气动平口钳安装与调试	
135	滚珠丝杠副的螺距补偿		1	延伸阅读	
138	反向间隙补偿		17	延伸阅读	
145	数控机床调平和精度检测		78	延伸阅读	
148	智能装备车削机床几何精度检测		129	延伸阅读	
154	智能装备铣削机床（加工中心）几何精度检测		142	延伸阅读	
167	智能装备机床加工性能检测		180	延伸阅读	
180	工业机器人本体装配与调整		216	延伸阅读	

目 录

序
前言
二维码索引

绪论 ·· 1
    学习任务一 智能制造装备概述 ·········· 1
    学习任务二 智能制造装备的技术特征 ····· 3
    学习任务三 智能制造装备机械装配工艺
               基础知识 ························ 5
    学习任务四 智能制造装备机械装调
               常用工量检具 ················· 9
    思考题 ······································ 15

**项目一 智能装备车削机床机械部件
装配与调整** ·························· 17
    学习任务一 智能装备车削机床的
               机械结构 ······················ 18
    学习任务二 智能装备车削机床的
               主轴部件 ······················ 22
    学习任务三 智能装备车削机床的
               进给部件 ······················ 26
    学习任务四 智能装备车削机床 Z 轴
               拆装与精度检测 ·············· 31
    学习任务五 回转刀架装置 ················ 42
    工作任务六 四工位刀架的拆装 ·········· 44
    工作任务七 六工位转塔刀架的拆装 ····· 54
    工作任务八 车床十字滑台拆装与
               精度检测 ······················ 61

    思考题 ······································ 75

**项目二 智能装备铣削机床（加工中心）
机械部件装配与调整** ············· 78
    学习任务一 智能装备铣削机床（加工
               中心）机械结构 ·············· 79
    学习任务二 智能装备铣削机床（加工
               中心）主轴部件 ·············· 86
    工作任务三 加工中心机械主轴装配与
               调试 ···························· 90
    工作任务四 数控加工中心刀库装配与
               调试 ·························· 102
    工作任务五 智能装备铣削机床（加工
               中心）滑台的装配与
               调试 ·························· 111
    思考题 ···································· 127

**项目三 数控机床位置精度检测与
补偿** ································ 129
    学习任务一 数控机床位置精度检测
               方法 ·························· 129
    学习任务二 滚珠丝杠副的螺距补偿 ··· 135
    学习任务三 反向间隙补偿 ·············· 138
    思考题 ···································· 140

项目四 数控机床安装调试与验收 ······ 142
    学习任务一 数控机床调平和
               精度检测 ···················· 145

学习任务二　智能装备车削机床
　　　　　　　几何精度检测……………148
　　学习任务三　智能装备铣削机床（加工
　　　　　　　中心）几何精度检测……154
　　学习任务四　智能装备机床加工
　　　　　　　性能检测………………167
　　思考题………………………………176
项目五　工业机器人机械装配与
　　　　调试………………………180
　　工作任务一　工业机器人本体装配与
　　　　　　　调整……………………180

　　工作任务二　工业机器人电缆更换………206
　　思考题………………………………214

项目六　机器人夹具与气动平口钳
　　　　安装与调试…………………216
　　工作任务一　机器人快换装置与夹具的
　　　　　　　机械安装与调试…………217
　　工作任务二　机床气动平口钳安装与
　　　　　　　调试……………………224
　　思考题………………………………227

参考文献……………………………………230

绪 论

学习目标

1. 了解智能制造装备的定义及分类。
2. 了解智能制造装备的技术特征。
3. 掌握装配的概念与装配的基本原则。
4. 了解智能制造装备机械装调常用的工量检具。

重点和难点

1. 智能制造装备的技术特征。
2. 装配的工艺规程。

延伸阅读

延伸阅读

学习任务一　智能制造装备概述

一、智能制造装备的定义

智能制造装备是具有感知、分析、推理、决策和控制功能的制造装备的统称，它是一种由先进制造技术、信息技术和智能技术等集成和深度融合的制造装备，通过人与智能机器的合作共事，去扩大、延伸和部分地取代专家在制造过程中的脑力劳动。它把制造自动化的概念更新，扩展到柔性化、智能化和高度集成化。智能制造装备具有自感知、自学习、自决策、自执行、自适应等功能，它能将传感器及智能诊断和决策软件集成到装备中，使制造工艺能适应制造环境和制造过程的变化进而达到优化，体现了制造业的智能化、数字化和网络化的发展要求。先进性和智能性是其主要特征，它最终要从以人为主要决策核心的人机和谐系统向以机器为主体的自主运行方向转变。智能制造装备的水平已成为当今衡量一个国家工业化水平的重要标志。

二、智能制造装备的分类

制造装备是装备制造业的基础，装备制造业是为国民经济和国防建设提供生产技术装备的基础产业，是各行业产业升级、技术进步的重要保障，是提升国家综合国力的重要基石。发展高端制造装备对带动我国产业结构优化升级、提升制造业核心竞争力具有重要战略意义。智能制造装备是带动制造业转型升级，提升生产效率和产品质量的有力工具，对于实现制造过程智能化和绿色化发展具有重要的意义。当前，智能制造装备已经形成了完善的产业链，包括关键基础零部件、智能化高端装备、智能测控装备和重大集成装备等主要环节，如图 0-1 所示。

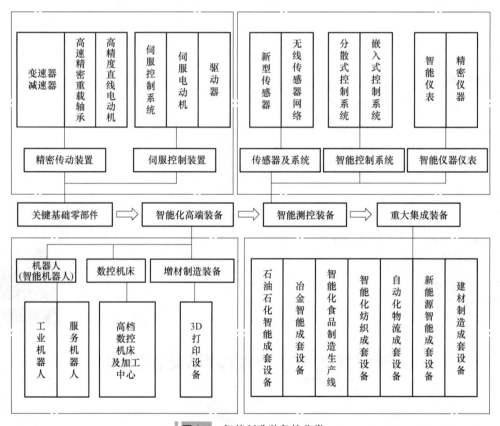

图 0-1　智能制造装备的分类

从产业细分领域看，智能装备产业主要包括数控（智能）机床装备、机器人、增材制造（又称 3D 打印）装备、特种智能装备及与之相关的智能化服务业，如工业互联网、工业软件等。现阶段几种典型的智能制造装备主要包括数控机床、机器人（智能机器人）、增材制造装备、智能成型制造装备、特种智能制造装备等。

1. 数控机床

智能制造装备的核心单元是数控机床及工业机器人，其中数控机床包括智能装备车削机床、智能装备铣削机床及数控加工中心。数控技术是一种自动控制技术，是用数字化信号对控制对象加以控制的一种方法。而数控机床就是采用数控技术的机床，是数字控制机床的简称。国际信息处理联合会（International Federation of Information Processing，IFIP）第五技术委员会对数控机床做了如下定义：数控机床是一种装了程序控制系统的机床，该系统能逻辑地处理具有使用号码或其他符号编码指令规定的程序。

数控机床的程序控制系统简称为数控装置，该数控装置是通过处理由信息载体输入的规定程序，并将其译码，经运算处理发出各种控制信号，使机床动作并按图样要求自动加工零件的控制单元。数控机床较好地解决了复杂、精密、小批量、多品种的零件加工问题，是一种柔性高效自动化机床，是一种典型的机电一体化产品，是智能制造装备核心制造单元。

2. 机器人（智能机器人）

智能机器人能根据环境与任务的变化，实现主动感知、自主规划、自律运动和智能操作，可用于搬运材料、零件、工具的操作机，或是为了执行不同的任务，具有可改变和可编程动作的专门系统，是一个在感知－思维－效应方面全面模拟人的机器系统。与传统的工业机器人相比，智能机器人具备感知环境的能力、执行某种任务而对环境施加影响的能力和把感知与行动联系起来的能力。

3. 增材制造装备

增材制造不采用一般意义上的模具或刀具加工零件，而是采用分层叠加法，即用CAD软件造型生成STL格式文件，通过分层切片等步骤进行分层处理，借助计算机控制的成型机，将一层一层的材料堆积成实体原型。不同于传统制造将多余的材料去除掉，增材制造技术可以精确地控制物料成型，提高材料利用率，能够生产传统工艺无法加工的复杂零件。

4. 智能成型制造装备

智能成型制造装备是在铸造、焊接、塑性成型、增材制造等成型加工装备上，应用人工智能技术、数值模拟技术和信息处理技术，以一体化设计与智能化智能过程控制方法，取代传统材料制备与加工过程中的"试错法"设计与工艺控制制造方法，以实现材料组织性能的精确设计与制备加工过程的精确控制，获得装备材料组织性能与成型加工质量。

5. 特种智能制造装备

特种智能制造装备是基于科学发现的新原理、新方法和专门的工艺知识，为适应超常加工尺度、精度、性能、环境等特殊条件而产生的装备，常用于超精密加工、难加工材料加工、巨型零件加工、多工序复合加工、高能束加工、化学抛光加工等特殊加工工业。

学习任务二　智能制造装备的技术特征

智能制造装备技术是使制造装备能够进行分析、推理、判断、构思和决策等多种智能活动，并与其他智能装备进行信息共享的技术。智能制造装备的技术特征如下所述：

1. 装备运行状态与环境感知、识别技术

智能制造装备具有收集和理解工作环境信息实时获取自身状态信息的能力，能够准确获取表征装备运行状态的各种信息并初步理解和加工信息，提取主要特征成分，反映装备的工作性能。实时感知能力是整个制造系统获取信息的源头。各种传感器是智能制造装备中的基础部件。

2. 智能工艺规划与编程技术

智能工艺就是计算机辅助工艺过程设计（CAPP），是指在人和计算机组成的系统中，根据产品设计阶段所给的信息，通过人机交互或自动的方式，确定产品的加工方法和工艺过程。智能工艺系统由加工过程动态仿真模块、工艺过程设计模块、零件信息输入模块、控制模块、输出模块、工序决策模块、工步设计决策模块和数字化控制（Numerical Control，NC）加工指令生成模块构成，如图 0-2 所示。

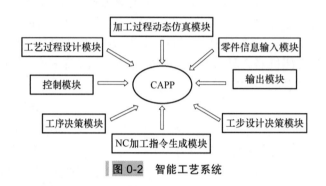

图 0-2　智能工艺系统

智能工艺系统各模块的功能如下：

（1）加工过程动态仿真模块　对所生成的加工过程进行模拟，检查工艺的正确性。

（2）工艺过程设计模块　对加工工艺过程进行整体规划并生成工艺过程卡，供加工与生产管理部门使用。

（3）零件信息输入模块　通过直接读取 CAD 数据或人机交互的方式，输入零件的结构与技术要求。

（4）控制模块　协调各模块的运行，实现人机之间的信息交流，控制零件信息的获取方式。

（5）输出模块　以工艺卡片形式输出产品工艺过程信息（如工艺流程图、工序卡），输出 CAM 数控编程所需的工艺参数文件、刀具模拟轨迹、NC 加工指令，并在集成环境下共享数据。

（6）工序决策模块　对加工方法、加工设备及刀具等的选择，工序、工步安排与排序，刀具加工轨迹的规划工序尺寸的计算，时间与成本的计算等方面进行决策。

（7）工步设计决策模块　设计工步内容，确定切削用量提供生成 NC 加工控制指令所需的文件。

（8）NC 加工指令生成模块　依据工步设计决策模块提供的文件，调用 NC 指令代码系统，生成 NC 加工指令。

3. 智能数控技术

数控技术是一种采用计算机对机械加工过程中的各种控制信息进行数字化运算和处

理,并通过高性能的驱动单元实现机械执行构件自动化控制的技术。

智能数控技术是指数控系统或部件能够通过对自身功能结构的自整定(设备不断修正某些预先设定的值,以在短时间内达到最佳工作状态的功能)改变运行状态,从而自主适应外界环境参数变化的技术。智能数控技术是智能数控装备、智能数控加工技术和智能数控系统的统称。

(1)智能数控装备　智能数控机床是最具代表性的智能数控装备之一,它能了解制造的整个过程,能监控、诊断和修正生产过程中出现的各类偏差并提供最优生产方案。智能数控机床能够收集、发出信息并进行自主思考和决策,因而能够自动满足柔性和高效生产系统的要求。

(2)智能数控加工技术　智能数控加工技术包括自动化编程软件与技术、数控加工工艺分析技术以及加工过程及参数优化技术。

(3)智能数控系统　智能数控系统是实现智能制造系统的重要基础单元,由各种功能模块构成。智能数控系统包括硬件平台、软件技术和伺服协议等。智能数控系统具有多功能化、集成化、智能化和绿色化等特征。

4. 性能预测与智能维护技术

预测制造系统是具备预测分析设备性能和估算故障时间的智能软件制造系统,进行设备性能的预测分析和故障时间的估算能够减少不确定因素的影响,为用户提供预先的缓和措施及解决对策,减少生产运营中产能与效率的损失。

智能维护技术是采用性能衰退分析和预测方法,结合现代电子信息技术,使设备达到近乎零故障性能的一种新型维护技术。智能维护是一种基于主动的维护模式,重点在于信息分析、性能衰退过程预测、维护优化、应需式监测(以信息传送为主)的技术开发与应用,产品和设备的维护体现了预防性要求,从而达到近乎零故障性能及自我维护。

学习任务三　智能制造装备机械装配工艺基础知识

一、装配的概念

机械产品由许多零件和部件组成,按一定的精度标准和设计技术要求,将构成产品的全部零件接合成部件或将零件和部件接合成产品的生产过程,称为装配。零件接合成部件称为部装。零件和部件接合成产品的装配称为总装。

机器的装配是机器制造过程中的最后一个环节,它包括装配、调整、检验和试验等工作。装配过程使零件、套件、组件和部件间获得一定的相互位置关系,机械装配是机械制造中最后决定机械产品质量的重要工艺过程。即使是全部合格的零件,如果装配不当,往往也不能形成质量合格的产品。简单的产品可由零件直接装配而成。复杂的产品则须先将若干零件装配成部件,然后将若干部件和另外一些零件装配成完整的产品。产品装配完成后需要进行各种检验和试验,以保证其装配质量和使用性能。

二、装配的内容

机械装配工作的基本内容一般有以下几项：

1. 零部件的清洗

清洗的目的是去除零件表面或部件中的油污及杂质。清洗的方法有擦洗、浸洗、喷洗和超声波清洗等。常用的清洗液有煤油、汽油及各种化学清洗液等。

2. 连接

连接的方式一般有两种：可拆卸连接和不可拆卸连接。可拆卸连接的特点是相互连接的零件拆卸时不损坏任何零件，并且拆卸后还能重新连接在一起。常见的有螺纹连接、键连接和销连接等，其中以螺纹连接应用最广。

不可拆卸连接的特点是被连接的零件在使用过程中是不拆卸的，否则会损坏零件。常见的有焊接、铆接和过盈连接等，其中过盈连接多用于轴、孔的配合，其方法有压入配合法、热胀配合法和冷缩配合法。一般机械常采用压入配合法，重要的或精密机械常采用热胀或冷缩配合法。

3. 校正、调整和配作

校正是指机械产品中相关零部件相互位置的找正、找平及相应的调整工作。校正时常用的工具有平尺、角尺、水平仪、光学准直仪等。调整是指相关零部件相互位置的具体调节工作。配作通常是指配钻、配铰、配刮及配磨等。配刮或配磨多用于运动副配合表面的精加工。配钻、配铰多用于固定连接，常以连接件中一个零件上已有的孔为基准，去加工另一零件上相应的孔。其中，配钻多用于螺纹连接，配铰多用于定位销孔的加工。

4. 平衡

对于转速较高、运转平稳性要求高的机械（如精密磨床、电动机和高速内燃机等），为了防止使用时出现振动，在装配时，对其有关的旋转零部件（有时包括整机）应用平衡试验机或平衡试验装置进行静平衡或动平衡，测量出不平衡量的大小和相位，用去重、加重或调整零件位置的方法，使之达到规定的平衡精度。

5. 验收试验

机械产品装配调整结束后，应根据有关技术标准和规定，对机械产品进行较全面的检验和试验工作，验收合格后方可上漆、包装出厂。

三、装配的方式

手工装配：小批量、复杂程度高的场合。机械装配多用此方式。
半自动装配：批量大、复杂程度一般的场合。
全自动装配：批量大且稳定、复杂程度不高的场合。

四、装配的任务

保证产品精度要求：机械零件在加工时总有公差范围，装配时各零件的误差累计会影响装配精度。受技术性和经济性的制约，难以依靠机械加工控制精度来保证装配精度。所以在一定程度上，装配精度要依赖于装配工艺方法来保证。

五、装配的工艺方法

机械产品装配方法有多种，一般可归纳为互换法、选配法、修配法、调整法四大类。

1. 互换法

所装配的同一种零件能互换装入，装配时可以不加选择，不进行调整和修配。这类零件的加工公差要求严格，它与配合件公差之和应符合装配精度要求。这种装配方法主要适用于生产批量大的产品，如汽车、拖拉机的某些部件的装配。

2. 选配法

对于成批、大量生产的高精度部件如滚动轴承等，为了提高加工经济性，通常将精度高的零件的加工公差放宽，然后按照实际尺寸的大小分成若干组，使各对应组内相互配合的零件仍能按配合要求实现互换装配。

3. 修配法

装配中应用锉削、磨削和刮削等工艺方法改变个别零件的尺寸、形状和位置，使配合达到规定的精度。这种装配方法效率低，适用于单件小批量生产，在大型、重型和精密机械装配中应用较多。修配法依靠手工操作，要求装配工人具有较高的技术水平和熟练程度。

4. 调整法

装配中调整个别零件的位置或加入补偿件，以达到装配精度。常用的调整件有螺纹件、斜面件和偏心件等，补偿件有垫片和定位圈等。这种方法适用于单件和中小批生产的结构较复杂的产品，成批生产中也有少量应用。

六、装配的基本原则

装配顺序一般应遵循的原则：首先选择装配基准件，它是最先进入装配的零件，多为机座和床身导轨，并从保证所选定的原始基面的直线度、平行度和垂直度的调整开始；然后根据装配结构的具体情况和零件之间的连接关系，按先下后上、先内后外、先难后易、先重后轻、先精密后一般的原则去确定其他零件或组件的装配顺序。

注意： 维修拆卸是反向进行的。

七、装配的技术文件

图样是指导生产的技术文件，装配员工依据图样要求应能进行正确的装配。绘图员应能根据装配图测绘出图中所有零件，并将零件绘制成能满足生产要求的图样。维修员工应能根据图样清楚了解该部件的内部结构，以便于合理拆卸相关部位。

1. 装配图

装配图是产品零件设计的依据，是指导生产过程的技术文件。

2. 装配图的基本要求

1）应包括所示部件中全部零件的编号及所在位置和数量，所有外购件的型号、规格、数量，以及部件中所有标准件的名称、规格、数量、标准编号等。

2）图中需标注相配零件间的配合公差等级。

3）图中标注联系尺寸应是封闭的（零件图是不允许封闭的）。

4）技术要求应根据装配部件的特点进行编制。

八、装与配

1. 装前

1）首先看清装配工艺规程和图样规定的各项技术要求。

2）准备工作。对需要的工装、工具、量具、零件进行清点，检查是否合格，不合格零件不能装配。

3）零件的清洗。用汽油（挥发性强）、煤油（不宜用于轴承和滚丝杠）、柴油（常用）相关清洗剂清洗。清洗后的摆放应符合防尘、文明生产要求。

4）给零件去毛刺、倒角、去除污物。

2. 装的过程

根据工艺要求，相邻零件接合处错边量的控制，零件的校正、前后、左右、上下的定位要求。轴与孔类零件的试装等。

3. 装后

应保证外露件的一致性（外观质量）、运动件的灵活性，确保回转件无异常。

4. 配

配钻：单件生产（或小批量生产）中，许多孔是要进行配作的（相互配合），使用工装代价高。大批量生产尽量不配作，直接使用工装来保证质量，提高生产率。

配铰：一般定位销孔都需配铰。

配刮：为了保证机床相关部位的精度要求，必须采用配刮工序才能达到。

九、装配工艺规程

机械装配工艺规程是指导装配过程的主要技术文件。在装配工艺规程中，规定了产品及其部件的装配顺序、装配方法、装配技术要求及检验方法、装配所需设备和工具以及装配时间定额等。

机床装配工艺要求（通用）如下：

1）零件装配前和部装完成后，都必须彻底清洗，绝不允许有油污、脏物和切屑存在，并应倒棱去毛刺。

2）部件上各外露件，如螺钉、铆钉、销钉、标牌等件均应整齐完整，不许有损伤和字迹不清等现象，应确保外观质量。

3）装配在同一位置的螺钉，应保证长短一致、松紧均匀，主要部位的螺钉应用限力扳手紧固，销钉头应齐平或外露部分不超过倒棱值。

4）机床装配时，应注意整机和部件以及组件间的调整工作，如传动带、手轮主轴、丝杠等均应仔细调整，应转动灵活，松紧适宜。

5）机床空运转前，应确保箱体内部、组件上均无切屑及其他污物以及遗漏的零件等。

6）各管路系统（如液压管路和润滑管路等）应按机床外形排列整齐，不允许扭曲和损害外形。

7）管路系统各处接头不得有漏油、漏水等现象。

8）注入箱体内的试验用油应达到规定的油位，不得低于规定的油标红线。

9）试机应严格按照机床规格所规定的试验程序进行，并需做好现场记录。

10）试机后应检查各紧固螺钉、螺母的松动情况，并对松动处进行处理。

11）试机完毕后，应彻底去除各种油污、脏物和切屑。

12）机床总装应保证全部部件相互位置的精确性和工作的正确性，滑动和转动部位的手柄应轻便灵活。

另外，对有齿轮传动要求的机床，还有下述要求：

1）滑动齿轮应没有啃住现象，变速机构应保证准确变位，啮合齿轮的轴向错位应按图样工艺要求进行，对多级齿轮应考虑全部尺寸链的正确。若工艺上无明显要求齿轮的轴向错位，应遵循下列数值：啮合齿轮的轮缘宽度≤20mm，轴向错位不大于1mm；啮合齿轮的轮缘宽度≥20mm，轴向错位不超过轮宽的5%且不大于5mm。

2）装配完的齿轮箱，必须按工艺规程从低速、中速到高速进行空运转试验及负荷试验，并测量各点，如变速齿轮的灵活性、齿轮的噪声、轴承的温度等，按GB/T 9601—2006《金属切削机床 通用技术条件》中的规定进行。

学习任务四　智能制造装备机械装调常用工量检具

一、智能制造装备机械装调常用工具

智能制造装备机械装调常用工具有扳手、螺钉旋具、钳子、锤子、铜棒、铝棒、液压千斤顶、油壶、油枪、撬棍等，其中扳手包括活扳手、呆扳手、梅花扳手、内六角扳手、扭矩扳手、套筒扳手和钩形扳手等，常用的螺钉旋具有一字槽螺钉旋具和十字槽螺钉旋具。常用机械装调工具功能与图示说明见表0-1。

表0-1　常用机械装调工具功能与图示说明

序号	名称	优点	适用区域	使用方法	图示
1	活扳手	方便接近紧固件	在空间相对开阔的工作区域	扳手开口与所需紧固或拆卸的目标件紧密吻合，目标要进入开口深处，与扳手紧固面保持水平	
2	呆扳手	比梅花扳手更方便接近紧固件	在空间相对开阔的工作区域	扳手开口啮合面必须与螺母和螺栓头部贴紧，慢慢施加扭转力矩	
3	梅花扳手	能把螺母和螺栓头完全包围，所以在工作时不会损坏紧固件或从紧固件上滑落	在空间相对开阔的工作区域，可用于六角形和梅花形紧固件的拆装	沿紧固件轴向插入扳手，缓慢施加扭转力矩	

(续)

序号	名称	优点	适用区域	使用方法	图示
4	两用扳手	具有呆扳手、梅花扳手的双重优点	在空间相对开阔的工作区域	与呆扳手使用方法相同	
5	套筒扳手	可连续转动扳手进行拧紧或拧松紧固件，拧转效率比呆扳手等更高	在任何大小合适的空间区域都适用	选择合适的转接杆、套筒头或块扳手组合使用	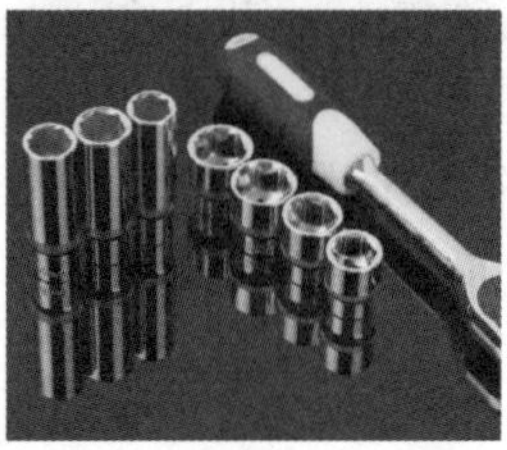
6	扭矩扳手	操作方便、省时省力，扭矩可调	用于对拧紧扭矩有明确规定的场合	先调节扭矩，再紧固螺栓	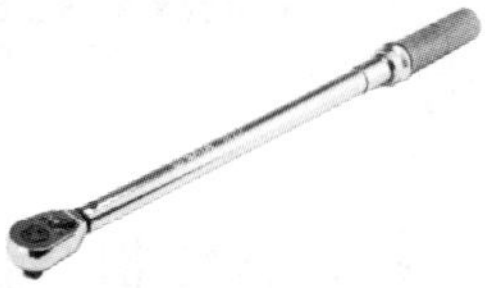
7	内六角扳手	简单、轻巧，内六角螺钉与扳手之间有六个接触面，受力充分且不容易损坏	套筒头螺钉、螺栓拆装的专用扳手，如仪表固定螺钉、部分接近盖板等	选用尺寸正确的内六角扳手，将六角头插入套筒形紧固件的凹坑，然后缓慢施加旋转力	
8	钩形扳手	利用杠杆原理轻松拧转螺栓、螺钉、螺母和其他螺纹紧固件	用于拆卸和紧固带侧孔圆螺母或拧转厚度受限制的扁螺母等	使用时沿螺纹旋转方向在柄部施加外力，就能拧转螺栓或螺母	
9	可调竖孔钩扳手	利用杠杆原理轻松拧转螺栓、螺钉、螺母和其他螺纹紧固件	用于拆卸和紧固带两个竖孔的圆螺母	使用时沿螺纹旋转方向在柄部施加外力，就能拧转螺栓或螺母	

（续）

序号	名称	优点	适用区域	使用方法	图示
10	螺钉旋具	使用粗把的螺钉旋具比使用细把的螺钉旋具拧螺钉时更省力	用于拆卸和紧固螺钉以使其就位	将螺钉旋具特定形状的端头对准螺钉的顶部凹坑固定，然后开始旋转手柄	
11	摇把	方便施加较大垂直压力，可提供较大力矩	用于拆卸、紧固或旋转紧固件以达到预期效果	双手共同操作，一手加压力，另一手加旋转力	
12	锤子	定点施加作用力	用于一般锤击，也可用于平整部件或零件	单手握锤子手柄，看准受力点敲击	
13	铜棒和铝棒	铜棒较软，不会损坏零件；铝棒比铜棒轻，敲起来力量小	铜棒主要用于敲击机床部件	通常使用铜棒和铝棒的端面进行敲击，力道不宜过大	
14	液压千斤顶	利用油液的静压力来顶举重物，但行程有限	数控机床安装常用的一种起重或顶压的手工工具	按压手柄，用顶重端面抵住物体，即可顶重	
15	拔销器	可拔内外螺纹的定位销	专门用来拔掉定位销的设施	选择合适的拔销头，拧入销体，滑动冲击柄即可拆卸定位销	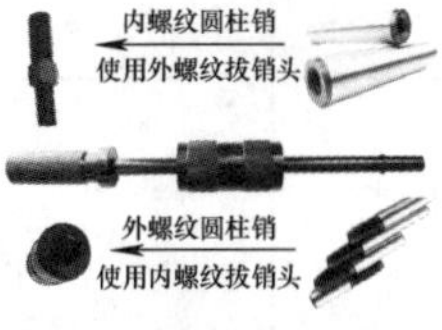
16	拉拔器	是机械维修中经常使用的工具，多用于拆卸圆形零件	拆卸各种机械设备中的带轮、齿轮、轴承等工件	将螺杆顶尖定位于轴端顶尖孔，使拉爪挂钩于轴承外环，旋转旋柄使拉爪带动轴承沿轴向向外移动拆除	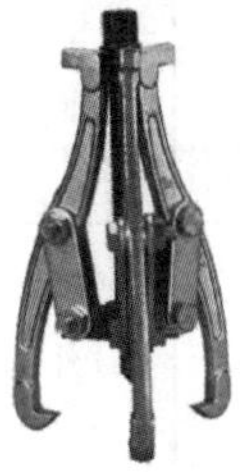

(续)

序号	名称	优点	适用区域	使用方法	图示
17	卡簧钳	用来安装内簧环和外簧环的专用工具	分为轴用弹性挡圈装拆用钳子和孔用弹性挡圈拆装用钳子	按压手柄即可进行挡圈的固定安装与拆卸	
18	油壶和油枪	操作简单、携带方便、使用范围广	—	—	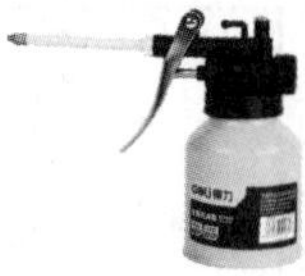 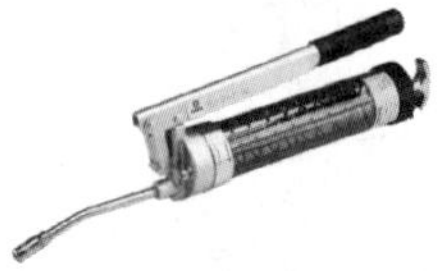

二、智能制造装备机械装调常用量具和检具

1. 常用量具

检验数控机床几何精度的常用量具有百分表、千分表和杠杆表等,见表 0-2。

表 0-2 常用机械装调量具功能与图示说明

序号	名称	功能	图示
1	游标卡尺	可测量内径、外径、深度以及长度尺寸	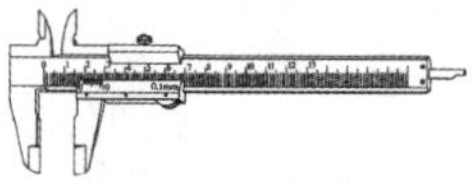
2	游标深度卡尺	测量阶梯孔、不通孔、凹槽等深度尺寸	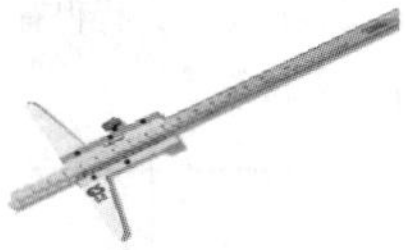
3	游标高度卡尺	测量高度尺寸和划线用	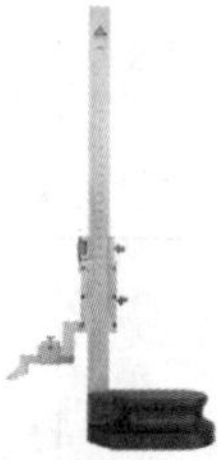
4	外径千分尺	测量外径、厚度等尺寸	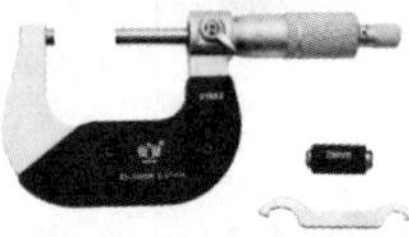

绪 论

（续）

序号	名称	功能	图示
5	内径千分尺	测量内径、槽宽等尺寸	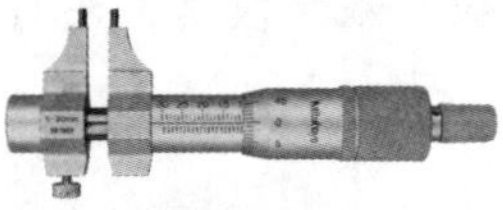
6	机械式百分表	主要用于测量制件的尺寸和几何误差等。分度值为 0.01mm，测量范围分别为 0～3mm、0～5mm、0～10mm 等	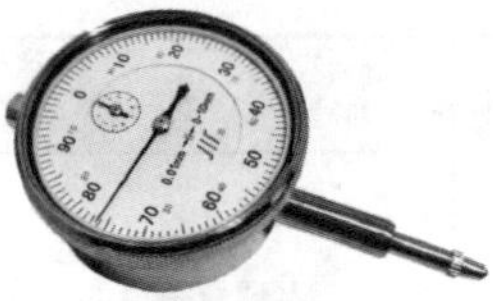
7	数显电子百分表	高清晰度显示，任意位置测量、米制和英制单位转换、任意位置清零，具有精度高、读数直观和可靠等特点	
8	千分表	原理与百分表相同，只是分度值为 0.001mm，测量精度比百分表高	
9	数显电子千分表	以数字方式显示的千分表，可以进行任意位置设置，起始值设置可满足特殊要求，公差值设置可进行公差判断，可实现米制和英制单位转换	
10	机械式杠杆表	用于测量百分表难以测量的小孔、凹槽、孔距和坐标尺寸等。杠杆百分表是一种借助于杠杆—齿轮或杠杆—螺旋传动机构，将测杆摆动变为指针回转运动的指示式量具，测量范围一般为 0～0.8mm	
11	数显电子杠杆表	模拟及数字双重显示，数字分辨率为 0.01mm 或 0.001mm，可选标尺分度值为 0μm、20μm、50μm 或 1μm、2μm、5μm，米制和英制单位转换，标称、最小、最大、最大—最小的模式显示和存储，自动关闭电源	
12	平头测量头	安装在百分表或者千分表测量头上，方便找到主轴检验棒的测量位置	

2. 常用检具

检验数控机床几何精度的常用检具有平尺、方尺、角尺、等高块、方筒、检验棒、自准直仪、水平仪等,还有检验零件几何精度的刀口角尺,以及检验数控机床性能的点温计等,见表 0-3。

表 0-3 常用机械装调检具功能与图示说明

序号	名称	功能	图示
1	大理石平尺	适用于检测零部件、工件、机床工作台、导轨和精密工件的平面度、垂直度	
2	大理石方尺	具有垂直和平行的框式组合,检验两个坐标轴的垂直度误差	
3	三角形角尺	与平尺和等高块共同检验坐标轴的垂直度误差	
4	圆柱角尺	是检测垂直度的专用检具,常用规格为 $\phi 80mm \times 400mm$ 和 $\phi 100mm \times 500mm$	
5	等高块	是六个工作面的正方体或长方体,通常三块为一组,对面工作面互相平行,相邻工作面互相垂直,用于机床调整水平	
6	可调等高块	用于检验加工中心直线度误差或者平面度误差等	
7	铣床或加工中心主轴用检验棒(带拉钉)	检验智能装备铣削机床或加工中心主轴径向圆跳动、主轴轴线与 Z 轴轴线的平行度误差等	

(续)

序号	名称	功能	图示
8	水平仪（框式、条状）	检验数控机床水平、加工中心工作台面的平面度误差	
9	刀口尺	主要用于以光隙法进行直线度测量和平面度测量，也可与量块一起	
10	刀口角尺	精确检验工件垂直度误差，也可以对工件进行垂直划线	
11	量块	其长度为计量器具的长度标准	

思 考 题

一、填空题

1. 智能制造装备是具有_____、_____、_____、_____和_____功能的制造装备的统称。

2. 智能制造装备已经形成了完善的产业链，包括_____、_____、_____和_____等主要环节。

3. 数控技术即数字化控制技术，是一种采用计算机对机械加工过程中的各种控制信息进行_____和处理，并通过高性能的_____实现_____自动化控制的技术。

4. 智能制造装备的核心单元是_____及_____，其中数控机床包括_____、_____及_____。

5. 智能维护是采用_____分析和预测方法，结合现代电子信息技术，使设备达到近乎_____性能的一种新型维护技术。

6. 机器的装配是机器制造过程中最后一个环节，它包括_____、_____、_____和_____等工作。

7. 机械产品装配方法有多种，一般可归纳为_____、_____、_____、_____四大类。

8. 将构成产品的全部零件接合成_____或将零件和部件接合成_____的生产过程，称为装配。

二、简答题

1. 什么是智能制造装备？
2. 智能制造装备的技术特征有哪些？
3. 什么是装配？装配的基本原则是什么？
4. 智能制造装备机械装调常用的工量检具有哪些？

项目一

智能装备车削机床机械部件装配与调整

学习目标

1. 了解智能装备车削机床的机械结构与特点。
2. 了解智能装备车削机床的主轴部件与进给部件的特点。
3. 掌握智能装备车削机床 Z 轴拆装与精度检测技术。
4. 了解回转刀架的结构特点。
5. 掌握四工位和六工位刀架的拆装。
6. 掌握智能装备车削机床十字滑台的拆装与精度检测。

重点和难点

1. 智能装备车削机床 Z 轴拆装与精度检测。
2. 四工位刀架的拆装。
3. 智能装备车削机床十字滑台的拆装与精度检测。

延伸阅读

延伸阅读

智能装备车削机床是使用较为广泛的数控机床之一，它主要用于轴类零件或盘类零件的内外圆柱面、任意锥角的内外圆锥面、复杂回转内外曲面和圆柱、圆锥螺纹等切削加工，并能进行切槽、钻孔、扩孔、铰孔及镗孔等。

数控机床按照事先编制好的加工程序，自动对被加工零件进行加工。通常把零件的加工工艺路线、工艺参数、刀具的运动轨迹、位移量、切削参数以及辅助功能，按照数控机床规定的指令代码及程序格式编写成加工程序单，再把程序单中的内容记录在控制介质上，然后输入数控机床的数控装置中，从而指挥机床加工零件。

智能制造装备机械装配与调试

学习任务一　智能装备车削机床的机械结构

一、智能装备车削机床的机械结构组成

随着数控技术的发展，在现今的机械加工领域中，智能装备车削机床已经广泛应用于各个生产制造环节，对提高产品车削加工质量与效率，降低生产成本有很大提升。智能装备车削机床的种类较多，其典型机械结构包括主传动系统、进给传动系统、基础支承件、辅助装置等部分，如图 1-1 所示。

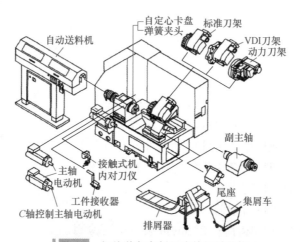

图 1-1　智能装备车削机床的机械结构

1. 主传动系统

主传动系统包括动力源、传动件及主运动执行件（如主轴）等。智能装备车削机床主轴的回转精度对于加工零件的精度有很大影响，而且它的功率、回转速度等对于加工效率也有一定的影响。如果是具有级自动调速功能的智能装备车削机床，其主轴箱的传动结构相比传统机床已经有所简化。而对于具有手动操作和自动控制加工双重功能的改造式智能装备车削机床来说，基本上保留了原来的主轴箱。

2. 进给传动系统

进给传动系统包括动力源、传动件及主运动执行件（如工作台、刀架）等。除了部分主轴箱内的齿轮传动等机构外，智能装备车削机床已在原普通车床传动链的基础上做了一些简化。如取消了交换齿轮箱、进给箱、溜板箱及其绝大部分传动机构，而仅保留了纵、横向进给的螺旋传动机构，并在驱动电动机至丝杠间增设了（少数车床未增设）可消除其侧隙的齿轮副。

3. 基础支承件

基础支承件包括床身、立柱、导轨、工作台等。智能装备车削机床的导轨对于进给运动提供了保证。导轨的存在在很大程度上会对车床的刚度、精度和低速进给时的平稳性有

一定影响，这也是影响零件加工质量的重要因素之一。除了部分智能装备车削机床沿用了传统的滑动导轨外，定型生产的智能装备车削机床已经大多采用了贴塑导轨。

4. 辅助装置

辅助装置是指智能装备车削机床的一些配套部件，包括液压／气动装置、润滑与冷却系统及排屑装置、自动换刀装置、防护设备等。

二、智能装备车削机床的布局

智能装备车削机床的主轴、尾座等部件相对床身的布局形式与普通卧式车床基本一致，而刀架和导轨的布局形式发生了根本的变化。这是因为刀架和导轨的布局形式直接影响智能装备车削机床的使用性能和外观。另外，智能装备车削机床都设有封闭的防护装置。

1. 床身和导轨的布局

智能装备车削机床床身和导轨与水平面的相对位置如图 1-2 所示，共有 4 种布局形式。

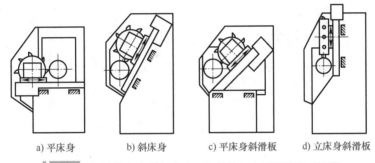

a) 平床身　　b) 斜床身　　c) 平床身斜滑板　　d) 立床身斜滑板

图 1-2　智能装备车削机床床身和导轨与水平面的相对位置

智能装备车削机床分卧式和立式两种，卧式智能装备车削机床分平床身和斜床身。

图 1-2a 所示为平床身智能装备车削机床示意简图，是水平床身—水平滑板结构，水平床身工艺性好，便于导轨面的加工，水平床身配上水平刀架可提高刀架的运动速度，与刀具运动方向垂直，对加工精度影响较小且容易提高定位精度，大型工件和刀具装卸方便。水平床身配上水平配置的刀架一般可用于大型智能装备车削机床或小型精密智能装备车削机床的布局。但是，水平床身下部空间小，导致排屑困难。从结构尺寸上看，刀架水平放置使得滑板横向尺寸较长，从而加大了机床宽度方向的结构尺寸。

图 1-2b 所示为斜床身智能装备车削机床示意简图，是倾斜床身—倾斜滑板结构，倾斜床身的观察角度好，工件调整方便，倾斜床身的防护罩设计较为简单且排屑性能较好。倾斜角度影响导轨的导向性、受力情况、排屑、宜人性及外形尺寸高度比例等。倾斜床身的倾斜角度可为 30°、45°、60°、75° 和 90°（称为立床身）等几种。倾斜角度小，排屑不便；倾斜角度大，导轨的导向性差，受力情况也差。导轨倾斜角度的大小还会直接影响机床外形尺寸高度与宽度的比例。综合考虑上面的诸多因素，中小规格的智能装备车削机床，其床身的倾斜度以 60° 为宜，大型智能装备车削机床多用 75° 的倾斜角度。

图 1-2c 所示为平床身斜滑板智能装备车削机床示意简图，是水平床身—倾斜滑板结

构,水平床身工艺性好,宽度方向的尺寸小,且排屑方便,切屑不会堆积在导轨上,也便于安装自动排屑器;操作方便,易于安装机械手,以实现单机自动化;机床占地面积小,外形简洁、美观,容易实现封闭式防护。水平床身配上倾斜放置的滑板和斜床身配置斜滑板的布局形式被中小型智能装备车削机床普遍采用,是卧式智能装备车削机床的最佳布局形式。

图 1-2d 所示为立床身斜滑板智能装备车削机床示意简图,导轨倾斜角为 90° 的斜床身通常称为立床身。立床身的排屑性能最好,对加工精度影响最大,并且立床身结构的机床受结构限制,布置也比较困难,限制了机床的性能,采用较少。

2. 刀架的布局

智能装备车削机床的刀架是机床的重要组成部分,是用于夹持切削刀具的。因此,其结构直接影响机床的切削性能和切削效率,在一定程度上,刀架的结构和性能体现了智能装备车削机床的设计与制造水平。随着智能装备车削机床的不断发展,刀架结构形式不断创新,但总体来说大致可以分为两大类,即排刀式刀架和转塔式刀架,如图 1-3 所示。有的车削中心还采用带刀库的自动换刀装置。

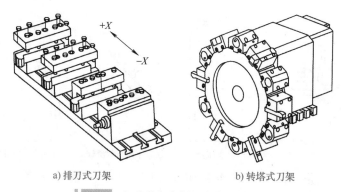

a) 排刀式刀架　　　　b) 转塔式刀架

图 1-3　智能装备车削机床的刀架形式

排刀式刀架一般用于小型智能装备车削机床,各种刀具排列并夹持在可移动的滑板上,换刀时可实现自动定位。

转塔式刀架在机床上的布局有两种形式:一种是用于加工盘类零件的转塔式刀架,其回转轴垂直于主轴;另一种是用于加工轴类和盘类零件的转塔式刀架,其回转轴平行于主轴。转塔式刀架有立式和卧式两种结构形式,具有多刀位自动定位装置,通过转塔头的旋转、分度和定位来实现机床的自动换刀动作。转塔式刀架分度准确、定位可靠、重复定位精度高、转位速度快、夹紧刚性好,充分保证了智能装备车削机床的高精度和高效率。目前,两坐标联动车床多采用 12 工位的转塔式刀架,也有采用 6 工位、8 工位、10 工位转塔式刀架的。四坐标控制的智能装备车削机床的床身上安装有两个独立的滑板和转塔式刀架,故称为双刀架四坐标智能装备车削机床,如图 1-4 所示。

双刀架四坐标智能装备车削机床每个刀架的切削进给量是分别控制的,因此两刀架可以同时切削同一工件的不同部位,既扩大了加工范围,又提高了加工效率。四坐标智能装备车削机床结构复杂,且需要配置专门的数控系统,实现对两个独立刀架的控制,适合加工曲轴、飞机零件等形状复杂、批量较大的零件。

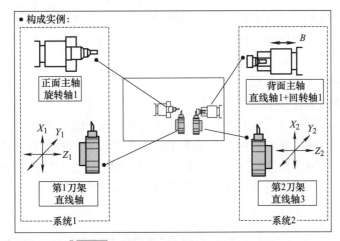

图1-4 双刀架四坐标智能装备车削机床

三、智能装备车削机床的结构特点

1. 动、静刚度高

机床刚度是指机床在载荷的作用下，抵抗变形的能力。机床刚度不足，将引起受力变形，精度降低。影响机床刚度的因素是机床各构件、部件本身的刚度以及各构件、部件之间的接触刚度。

数控机床要在高速和重负荷条件下工作，机床的床身、底座、立柱、工作台、刀架等支承件的变形都会直接或间接地引起刀架和工件之间的相对位移，从而引起工件的加工误差。机床应合理选择结构形式、合理安排结构布局、采用补偿变形措施和合理选用材料来提高支承件的静刚度和动刚度。

2. 抗振性好

机床的抗振性是指机床在交变载荷或冲击载荷作用下抵抗振动的能力。抗振性不好，则加工时将产生振动，影响加工精度和加工质量（加工表面产生振纹）。影响抗振性的因素有刚度、频率比以及阻尼比。

机床工作时可能产生两种形态的振动：强迫振动和自激振动。数控机床在高速重切削情况下应无振动，以保证加工工件的高精度和高的表面质量，特别要注意避免切削时的自激振动，因此对数控机床的动态特性提出了更高的要求。

3. 热稳定性好

数控机床的热变形是影响加工精度的重要因素。引起热变形的热源主要是机床的内部热源，如电动机发热、摩擦热及切削热等。机床的热膨胀不均是影响刀具与工件正确位置的一个主要因素。机床的热稳定性好包括机床的温升小，产生温升后对机床的变形影响小，机床产生热变形时对精度的影响较小。

4. 灵敏度高

数控机床要求在相当大的进给速度范围内保证达到较高的精度，因而运动部件应具有较高的灵敏度。导轨通常用滚动导轨、贴塑导轨、静压导轨等以减小摩擦力，使其无低速爬行现象。工作台、刀架等部件的移动由伺服电动机驱动，经过滚珠丝杠传动，减少了进给系统所需的驱动扭矩，提高了定位精度和运动平稳性。智能装备车削机床的主传动与进给传动采用了各自独立的伺服电动机，使传动链变得简短、可靠。同时，各电动机既可单独运动，也可按要求实现多轴联动。

5. 自动化程度高、操作方便

智能装备车削机床自动化程度高，加工过程中人为干预少，常采用斜床身结构布局以便于采用自动排屑装置。为了提高数控机床的生产率，采用多主轴、多刀架，以及带刀库的自动换刀装置等以减少换刀时间。对于多工序的自动换刀数控机床，除了要减少换刀时间外，还大幅度地压缩多次装卸工件的时间，实现连续完成多道工序的加工。智能装备车削机床采用封闭防护罩以防止切屑或切削液飞出，减少给操作者带来的意外伤害。

学习任务二　智能装备车削机床的主轴部件

数控机床的主传动系统将动力传递给主轴，保证系统具有切削所需要的转矩和速度。但由于数控机床具有比传统机床更高的切削性能要求，因而要求数控机床的主轴部件具有更高的回转精度、更好的结构刚度和抗振性能。由于数控机床的主传动常采用大功率的变速电动机，因而主传动链较传统机床短，不需要复杂的变速机构。

一、智能装备车削机床主传动装置

1. 智能装备车削机床主传动系统的特点

主传动系统应当具有较大的调速范围，以保证加工时能选用合理的切削用量，同时主传动系统还需要较高的精度及刚度，尽量降低噪声，从而获得最佳的生产率、加工精度和表面质量。

1）主轴变速迅速可靠，变速范围宽。由于采用直流或交流主轴电动机的调试系统日趋完善，所以加工中不仅能够方便地实现宽范围无级变速，而且减少了中间传递环节，提高了变速控制的可靠性，从而获得最佳的生产率、加工精度和表面质量。

2）转速高、功率大。主传动系统能够让智能装备车削机床获得较大的切削参数，进行大功率切削，实现高效率加工。

3）具有良好的精度保持性。主轴组件的耐磨性好，轴承、锥孔等都有足够的硬度，凡有机械摩擦的部位有良好的润滑系统作保证，因此智能装备车削机床主传动系统能够保证很高的主传动精度，并可以长久保持。

2. 智能装备车削机床的主传动变速方式

智能装备车削机床的调速是按照加工程序中 M 指令自动执行的，因此，变速机构必须适应自动操作的要求。在主传动系统中，多采用交流主轴电动机或直流主轴电动机无级调速系统。为了扩大主传动系统的调速范围，并且适应低速大转矩的要求，采用齿轮有级调速和电动机无级调速相结合的调速方式。

智能装备车削机床主传动系统主要有四种配置方式，如图 1-5 所示。

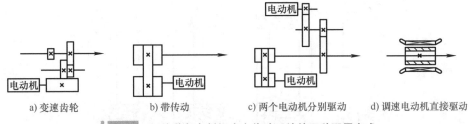

图 1-5　智能装备车削机床主传动系统的四种配置方式

（1）带有变速齿轮的主传动　大、中型智能装备车削机床采用这种变速方式，即通过少数几对齿轮降速传动，该设计主要是为了扩大输出转矩，以满足主轴低速时对输出转矩特性的要求。智能装备车削机床在交流或直流电动机无级变速的基础上配以齿轮变速，可以实现分段无级变速。滑移齿轮的移位大都采用液压缸加拨叉，或者直接由液压缸带动齿轮。

（2）通过带传动的主传动　这种传动主要用于转速较高、变速范围不大的车床，尤以经济型智能装备车削机床为常见。电动机本身的调速能够满足要求，不用齿轮变速，避免了齿轮传动引起的振动与噪声。它适应于高速、低转矩特性要求的主轴。常用的传动带是V带和同步带。如图1-6所示，同步带传动是一种综合了带传动和链传动优点的传动方式，带型有梯形齿和圆弧齿。

（3）用两个电动机分别驱动主轴　这种结构是上述两种方式的混合传动，具有上述两种传动的综合性能。高速时电动机通过带轮直接驱动主轴旋转；低速时，另一个电动机通过两级齿轮传动驱动主轴旋转，齿轮起到降速和扩大变速范围的作用，这样就使恒功率区增大，扩大了变速范围，克服了低速时转矩不够且电动机功率无法充分利用的缺陷。

（4）调速电动机直接驱动主轴传动　这种主传动方式大大简化了主轴箱体与主轴结构，有效地提高了主轴部件的刚度，但主轴输出转矩小，电动机发热对主轴影响较大，会直接影响零件的加工精度，如图1-7所示。

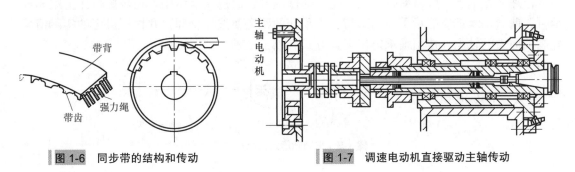

图 1-6　同步带的结构和传动　　　　图 1-7　调速电动机直接驱动主轴传动

3. 智能装备车削机床主轴轴承

智能装备车削机床的主轴轴承一般采用滚动轴承。常用主轴轴承有以下四种，如图1-8所示。

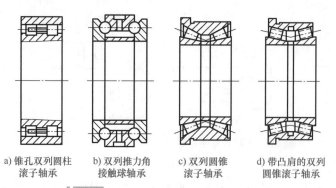

图 1-8　主轴轴承常用的几种滚动轴承

（1）锥孔双列圆柱滚子轴承（图1-8a）　内圈为1∶12的锥孔，当内圈沿锥形轴轴向移动时，内圈胀大，可以调整滚道间隙。滚子与内外圈为线性接触，承载能力大，刚性好，允许极限转速较高。对箱体孔、主轴颈的加工精度要求高，且只能承受径向载荷。

（2）双列推力角接触球轴承（图1-8b）　接触角为60°，球径小、数量多，允许转速高，轴向刚度较高，能承受双向轴向载荷。这种轴承一般与双列圆柱滚子轴承配套用作主轴的前支承。

（3）双列圆锥滚子轴承（图1-8c）　这种轴承的特点是内、外列滚子数量相差一个，能使振动频率不一致，因此，可以改善轴承的动态性能。这种轴承可以同时承受径向载荷和轴向载荷，通常用作主轴的前支承。

（4）带凸肩的双列圆锥滚子轴承（图1-8d）　结构和图1-8c相似，特点是滚子被做成空心，故能进行有效润滑和冷却；此外，还能在承受冲击载荷时产生微小变形，增加接触面积，起到有效吸振和缓冲作用。

滚动轴承的精度有E级（高级）、D级（精密级）、C级（特精级）、B级（超精级）四种等级。前轴承的精度一般比后轴承高一个精度等级。数控机床前支承通常采用B、C级精度的轴承，后支承则常采用C、D级。

合理配置轴承，可以提高主轴精度，降低温升，简化支承结构。在数控机床上配制轴承时，前后轴承都应能承受径向载荷，支承间的距离要选择合理，并根据机床的实际情况配制轴向力的轴承。常用轴承定位配置方式有以下三种，如图1-9所示。

图 1-9　主轴轴承定位配置方式

如图1-9a所示，采用后端定位，推力轴承布置在后支承的两侧，轴向载荷由后支承承受。

如图1-9b所示，采用前、后两端定位，推力轴承布置在前、后两支承的外侧，轴向载荷由前支承承受，轴向间隙由后端调整。

如图 1-9c 所示,采用前端定位,推力轴承布置在前支承,轴向载荷由前支承承受。

4. 智能装备车削机床主轴轴承的支承形式

智能装备车削机床主轴轴承的支承形式主要有三种,如图 1-10 所示。

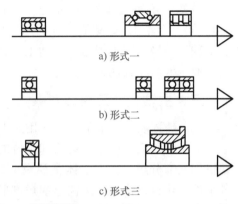

图 1-10 主轴轴承常见的支承形式

(1)形式一 如图 1-10a 所示,前支承采用双列短圆柱滚子轴承和 60°角接触双列向心推力球轴承组合,后支承采用成对向心推力球轴承。此种设置可提高主轴的综合刚度,满足强力切削的要求,普遍用于各类数控机床主轴。

(2)形式二 如图 1-10b 所示,前支承采用高精度双列向心推力球轴承。向心推力球轴承有良好的高速性,主轴最高转速可达 4000r/min,但承载能力小,适用于高速、轻载、高精度的数控机床主轴。

(3)形式三 如图 1-10c 所示,前后支承分别采用双列和单列圆锥滚子轴承。径向和轴向刚度高,能承受重载荷,其安装、调整性能好,但限制了主轴转速和精度,因此可用于中等精度、低速、重载的数控机床主轴。

二、典型车床主轴结构

主轴是数控机床的重要部件之一,其结构和性能直接影响被加工零件的尺寸精度和表面质量。主轴部件包括主轴、主轴轴承和传动零件等。图 1-11 所示为 CK7815 型智能装备车削机床主轴部件结构,该主轴工作转速范围为 15 ～ 5000r/min。

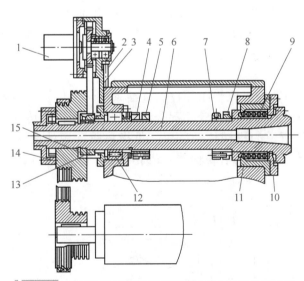

图 1-11 CK7815 型智能装备车削机床主轴部件结构图

1—主轴脉冲发生器 2—螺钉 3—支架 4、5、7、8、15—螺母 6—主轴 9—角接触球轴承
10—前端盖 11—前支承套 12—圆柱滚子轴承 13—同步带轮 14—带轮

主轴 6 前端采用多个角接触球轴承 9，通过前支承套 11 支承，由螺母 8 预紧；后端采用圆柱滚子轴承 12 支承，径向间隙由螺母 15 和螺母 4 调整。螺母 5 和螺母 7 分别用来锁紧螺母 4 和螺母 8，防止螺母 4 和螺母 8 回松。带轮 14 直接安装在主轴 6 上（不卸荷）。同步带轮 13 安装在主轴 6 后端支承与带轮之间，通过同步带和安装在主轴脉冲发生器 1 轴上的另一同步带轮，带动主轴脉冲发生器 1 和主轴 6 同步运动。在主轴 6 前端，安装有液压卡盘或其他夹具。

三、主轴工件装夹装置

卡盘是智能装备车削机床上用来夹紧工件的机械装置，是利用均布在卡盘体上的活动卡爪的径向移动，把工件夹紧和定位的机床附件。卡盘一般由卡盘体、活动卡爪和卡爪驱动机构三部分组成。卡盘体直径最小为 65mm，最大可达 1500mm，中央有通孔，以便通过工件或棒料；背部有圆柱形或短锥形结构，直接或通过法兰盘与车床主轴端部相连。卡盘通常安装在车床、外圆磨床和内圆磨床上使用，也可与各种分度装置配合，用于铣床和钻床。

从卡盘爪数上可以分为两爪卡盘、三爪卡盘（自定心卡盘）、四爪卡盘（单动卡盘），六爪卡盘和特殊卡盘。从使用动力上可以分为手动卡盘、气动卡盘、液压卡盘、电动卡盘和机械卡盘。从结构上可以分为中空卡盘和中实卡盘。

学习任务三　智能装备车削机床的进给部件

数控机床的进给驱动机械结构直接接收计算机发出的控制指令，实现直线或旋转运动的进给和定位，对机床的运行精度和加工质量影响最明显。因此，对数控机床传动系统的主要要求是具备精度高、稳定性好和响应快速的能力，即它能尽快地根据控制指令要求，稳定地达到需要的加工速度和位置精度，并尽量少地出现振荡和超调现象。

通常，一个典型的数控机床半闭环控制进给系统，由位置比较及放大元件、驱动单元、机械传动装置和检测反馈元件等几部分组成。其中，机械传动装置是位置控制中的一个重要环节。这里所说的机械传动装置，是指将驱动源的旋转运动变为工作台的直线运动的整个机械传动链，包括联轴器、齿轮装置、滚珠丝杠副等中间传动机构，如图 1-12 所示。

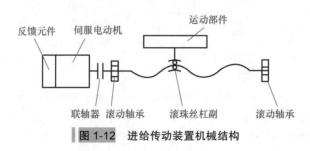

图 1-12　进给传动装置机械结构

1. 联轴器

数控机床上常用的联轴器有套筒联轴器、挠性联轴器及凸缘联轴器。挠性联轴器又称膜片弹性联轴器，由于具有消隙作用，它在数控机床中的应用最为广泛。如图 1-13 所示，其工作原理为：联轴套 3 与滚珠丝杠轴 1 之间用锥环 7 连接，锥环 7 分为内锥环和外锥环，是一对经相互配研接触良好的弹性锥形胀套。当通过拧紧压圈 2 上的螺钉将锥环压紧时，内锥环的内孔缩小，外锥环的外圈胀大，产生了弹性变形，消除了配合间隙；并在被连接的轴与内锥环、内锥环与外锥环、外锥环与联轴器间的接合面上产生很大的接触压力，依靠这个接触压力所产生的摩擦力可以传递转矩。联轴套间采用柔性片 5 传递扭矩。柔性片 5 分别用螺钉和球面垫圈 4、6 与两端联轴套 3 连接，两端联轴套的位置误差（同轴度和垂直度误差）由柔性片的变形抵消。

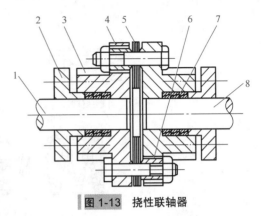

图 1-13　挠性联轴器

1—滚珠丝杠轴　2—压圈　3—联轴套
4、6—球面垫圈　5—柔性片　7—锥环　8—电动机轴

2. 滚珠丝杠副

滚珠丝杠副克服了普通螺旋传动的缺点，已发展成为一种高精度的传动装置。它采用滚动摩擦螺旋取代了滑动摩擦螺旋，具有磨损小、传动效率高、传动平稳、寿命长、精度高、温升低等优点。但是，它不能自锁，用于升降传动时（如主轴箱或工作台升降）需要另加锁紧装置，结构复杂、成本偏高。由于其优点显著，虽成本较高，仍被广泛应用在数控机床上。

（1）滚珠丝杠副的结构　目前，滚珠丝杠副可分为内循环及外循环两类。外循环螺旋槽式滚珠丝杠副，在螺母的外圆上铣有螺旋槽，并在螺母内部装上挡珠器，挡珠器的舌部切断螺纹滚道，迫使滚珠流入通向螺旋槽的孔中从而完成循环。内循环滚珠丝杠副，在螺母外侧孔中装有接通相邻滚道的反向器，以迫使滚珠翻越丝杠的齿顶而进入相邻滚道。

图 1-14 所示为滚珠丝杠副的结构。在图 1-14a 中，丝杠 1 和螺母 3 之间填入钢珠 2，这就使丝杠与螺母之间的运动成为滚动。丝杠、螺母和钢珠都是由轴承钢制成的，并经淬硬、磨削。螺纹截面为圆弧，半径略大于钢珠半径，钢珠密填。根据回珠方式，滚珠丝杠可分为两类。在图 1-14b 中，钢珠从 A 点依次走向 B 点、C 点、D 点，然后经反向器 4 从螺纹的顶上回到 A 点。螺纹每一圈形成一个钢珠的循环闭路，把这种回珠器处于螺母之内的滚珠丝杠副称为内循环反向器式滚珠丝杠副。在图 1-14c 中，每一列钢珠转几圈后经插管式回珠器 5 返回，把这种插管式回珠器位于螺母之外的滚珠丝杠副称为外循环插管式滚珠丝杠副。这两种滚珠丝杠副的差别在于螺母，丝杠是相同的。

（2）滚珠丝杠副间隙的调整　滚珠丝杠副的传动间隙是轴向间隙，其数值是指丝杠和螺母无相对转动时，二者之间的最大轴向窜动量。除了结构本身的游隙之外，还包括施加轴向载荷后产生的弹性变形所造成的轴向窜动量。

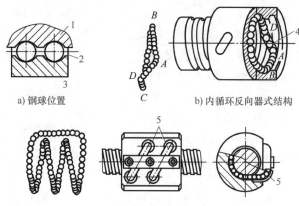

a) 钢球位置　　b) 内循环反向器式结构

c) 外循环插管式结构

图 1-14　滚珠丝杠副的结构

1—丝杠　2—钢珠　3—螺母　4—反向器　5—插管式回珠器

由于存在轴向间隙，当丝杠反向转动时，将产生空回误差，从而影响传动精度和轴向刚度。通常采用预加载荷（预紧）的方法来减小弹性变形所带来的轴向间隙，保证反向传动精度和轴向刚度。但过大的预加载荷会增大摩擦阻力，降低传动效率，缩短使用寿命。所以，一般需要经过多次调整，以保证既消除滚珠丝杠副的间隙，又能使其灵活运转。常用的调整方法有以下三种。

1）双螺母齿差消隙结构。双螺母齿差消隙结构如图 1-15 所示。在螺母 1 和螺母 2 的凸缘上分别切出只相差一个齿的齿圈，其齿数分别为 z_1 和 z_2，然后装入螺母座中，分别与固紧在套筒两端的内齿圈相啮合。调整时，先取下内齿圈，让两个螺母相对于套筒同方向都转动一个齿，然后插入内齿圈，则两个螺母便产生相对角位移，其轴向位移量 $s=\left(\dfrac{1}{z_1}-\dfrac{1}{z_2}\right)P$，其中 P 为滚珠丝杠导程。这种调整方法精度高，预紧准确可靠，调整方便，多用于高精度的传动。

2）双螺母螺纹消隙结构。如图 1-16 所示，螺母 1 的外端有凸缘，螺母 4 外端有螺纹，调整时只要旋动圆螺母 5 即可消除轴向间隙，并可达到产生预紧力的目的。这种方法结构简单，但较难控制，容易松动，准确性和可靠性均差。

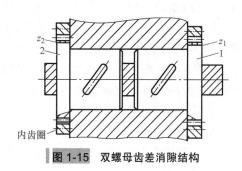

图 1-15　双螺母齿差消隙结构

1、2—螺母

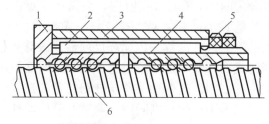

图 1-16　双螺母螺纹消隙结构

1、4—螺母　2—平键　3—套筒　5—圆螺母　6—丝杠

3）双螺母垫片消隙结构。图 1-17 所示为常用的双螺母垫片消隙结构。这种方法通过改变垫片的厚度，使螺母产生位移，以达到消除间隙和预紧的目的。这种方法结构简单，拆卸方便，工作可靠，刚性好；但使用中不便于调整，精度低。

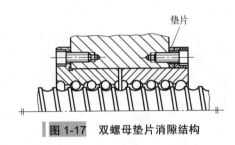

图 1-17 双螺母垫片消隙结构

（3）滚珠丝杠副的支承形式　为提高滚珠丝杠副的传动刚度，选择合理的支承结构并正确安装至关重要。滚珠丝杠主要承受轴向载荷，径向载荷主要是卧式丝杠的自重，因此滚珠丝杠的轴向精度和刚度要求较高。常见滚珠丝杠副的支承结构见表 1-1。

表 1-1　常见滚珠丝杠副的支承结构

支承结构	一端固定（F）；一端自由（O） F-O	一端固定（F）；一端浮动（S） F-S	两端固定 F-F
简图			
特点	结构简单，承载能力小，轴向刚度低，压杆稳压性较差，临界转速低，设计时应尽量使丝杠受拉伸	轴向刚度和 F-O 相同，压杆稳压性和临界转速比同长度的 F-O 高，丝杠有热膨胀的余地，需保证螺母与两支承同轴，结构较复杂，工艺较困难	丝杠的轴向刚度为一端固定的 4 倍，压杆的稳压性好，固有频率比一端固定的高，可旋加预紧力提高传动刚度，结构和工艺都较复杂
适用范围	适用于短丝杠和垂直丝杠	适用于较长丝杠或卧式丝杠	适用于长丝杠以及对刚度和位移精度要求较高的场合

（4）滚珠丝杠副的维护

1）支承轴承的定期检查。应定期检查丝杠支承与床身的连接是否松动以及支承轴承是否损坏等。若有以上问题，要及时紧固松动部位并更换支承轴承。

2）滚珠丝杠副的润滑和密封。滚珠丝杠副也可用润滑剂来提高耐磨性及传动效率。润滑剂可分为润滑油和润滑脂两大类。润滑油为一般机油或 90～180 号汽轮机油或 140 号主轴油。润滑脂可采用锂基油脂。润滑脂加在螺纹滚道和安装螺母的壳体空间内，而润滑油则经过壳体上的油孔注入螺母的空间内。

3）滚珠丝杠副常用防尘密封圈和防护罩。密封圈装在滚珠螺母的两端，接触式的弹性密封圈是用耐油橡胶或尼龙等材料制成的，其内孔制成与丝杠螺纹滚道相配合的形状。接触式密封圈的防尘效果好，但因有接触压力，使摩擦力矩略有增加。非接触式的密封圈是用聚氯乙烯等塑料制成的，其内孔形状与丝杠螺纹滚道相反，并略有间隙。非接触式密封圈又称为迷宫式密封圈。对于暴露在外面的丝杠一般采用螺旋钢带、伸缩套筒、锥形套筒以及折叠式塑料或人造革等形式的防护罩，以防止尘埃和磨粒黏附到丝杠表面。这几种防护罩与导轨的防护罩有相似之处，一端连接在滚珠螺母的端面，另一端固定在滚珠丝杠的支承座上。

滚珠丝杠副的常见故障、原因及排除方法见表 1-2。

表 1-2　滚珠丝杠副的常见故障、原因及排除方法

序号	故障现象	故障原因	排除方法
1	滚珠丝杠副噪声	丝杠支承的压盖压合情况不好	调整轴承压盖，使其压紧轴承端面
		丝杠支承轴承破损	更换新轴承
		电动机与丝杠联轴器松动	拧紧联轴器锁紧螺母
		丝杠润滑不良	改善润滑条件
		滚珠丝杠副滚珠有破损	更换新滚珠
2	滚珠丝杠副运动不灵活	轴向预紧力太大	调整轴向间隙和预加载荷
		丝杠与导轨不平行	调整丝杠支座位置
		螺母轴线与导轨不平行	调整螺母位置
		丝杠弯曲变形	校直丝杠
3	滚珠丝杠副润滑不良	检查各滚珠丝杠副润滑	用润滑脂润滑的丝杠，需添加润滑脂

（5）滚珠丝杠副的制动装置　由于滚珠丝杠副的传动效率高，无自锁作用（特别是滚珠丝杠处于垂直传动时），为防止因自重下降，故必须装有制动装置。图 1-18 所示为数控卧式镗床主轴箱进给丝杠抱闸制动装置示意图。机床工作时，电磁铁通电，使摩擦离合器脱开。运动由步进电动机经减速齿轮传给丝杠，使主轴箱上、下移动。当加工完毕或中间停车时，步进电动机和电磁铁同时断电，借压力弹簧作用合上摩擦离合器，使丝杠不能转动，主轴箱便不会下落。

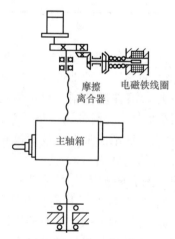

图 1-18　数控卧式镗床主轴箱进给丝杠抱闸制动装置示意图

项目一 智能装备车削机床机械部件装配与调整

学习任务四　智能装备车削机床 Z 轴拆装与精度检测

图 1-19 所示为智能装备车削机床 Z 轴实物图，该车床 Z 轴传动由伺服电动机通过联轴器带动滚珠丝杠转动，进而带动溜板箱在机床导轨上进行 Z 向移动。

图 1-19　智能装备车削机床 Z 轴实物图（YL-558 系列）

图 1-20 所示为智能装备车削机床 Z 轴装配图，其拆卸与安装及精度检测步骤如下。

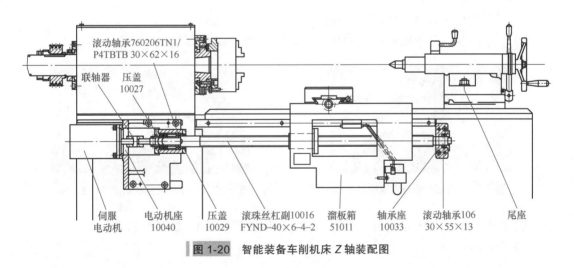

图 1-20　智能装备车削机床 Z 轴装配图

一、智能装备车削机床 Z 轴的拆卸步骤

1. 拆卸电动机

1）拆卸电动机插头，如图 1-21 所示。

2）松开电动机联轴器，如图 1-22 所示。

31

图 1-21 拆卸电动机插头

图 1-22 松开电动机联轴器

3）拆卸电动机螺钉，如图 1-23 所示。
4）脱开电动机联轴器，如图 1-24 所示。

图 1-23 拆卸电动机螺钉

图 1-24 脱开电动机联轴器

5）拿出电动机（轻拿轻放）。

2. 拆卸左端轴承压盖

1）用扳手稳住右侧丝杠末端，如图 1-25 所示。
2）松开左端丝杠固定螺母上的螺钉，如图 1-26 所示。

图 1-25 用扳手稳住右侧丝杠末端

图 1-26 松开左端丝杠固定螺母上的螺钉

3）松开左端丝杠固定螺母（用锤子轻敲或用钩形扳手），如图 1-27 所示。
4）松开压盖 10029，如图 1-28 所示。

图 1-27 松开左端丝杠固定螺母

图 1-28 松开压盖 10029

5）放入半圆垫圈，如图1-29所示。
6）重新上紧压盖10029，如图1-30所示。

图1-29　放入半圆垫圈

图1-30　重新上紧压盖10029

7）退出左端固定螺母，如图1-31所示。
8）退出左端轴承压盖，如图1-32所示。

图1-31　退出左端固定螺母

图1-32　退出左端轴承压盖

3. 拆卸右端轴承座

1）松开右端轴承座固定螺钉，如图1-33所示。
2）使用拔销器取出销钉和螺钉，如图1-34所示。

图1-33　松开右端轴承座固定螺钉

图1-34　使用拔销器取出销钉和螺钉

3）松开右端轴承座，如图1-35所示。
4）拼装拉拔器，如图1-36所示。

图 1-35 松开右端轴承座

图 1-36 拼装拉拔器

5）使用拉拔器拉出右端轴承座，如图 1-37 所示。

6）拆卸右侧轴承座压盖，如图 1-38 所示。

图 1-37 用拉拔器拉出右侧轴承座

图 1-38 拆卸右侧轴承座压盖

7）轻轻退出轴承，如图 1-39 所示。

8）放入汽油中清洗轴承，如图 1-40 所示。

图 1-39 轻轻退出轴承

图 1-40 放入汽油中清洗轴承

4. 丝杠与左端支承分离并退出左端轴承

1）在溜板箱与左端支承之间放入方木，如图 1-41 所示。

2）压紧方木，方木与溜板箱端面靠紧，不能有松动，如图 1-42 所示。

图 1-41 在溜板箱与左端支承之间放入方木

图 1-42 压紧方木

3）旋转滚珠丝杠右端，如图 1-43 所示。
4）丝杠与左端支承分离，拆卸左支承压盖，如图 1-44 所示。

图 1-43　旋转滚珠丝杠右端

图 1-44　拆卸左支承压盖

5）用铝棒退出轴承，如图 1-45 所示。

5. 抽出滚珠丝杠

1）松开润滑油管接头，如图 1-46 所示。

图 1-45　用铝棒退出轴承

图 1-46　松开润滑油管接头

2）松开丝杠螺母端面螺钉，如图 1-47 所示。
3）将丝杠整体旋转抽出，摆放好滚珠丝杠，如图 1-48 所示。

图 1-47　松开丝杠螺母端面螺钉

图 1-48　滚珠丝杠

6. 拔出溜板箱销钉

1）松开溜板箱固定螺钉，如图 1-49 所示。
2）使用拔销器拔出溜板箱销钉，如图 1-50 所示。

二、智能装备车削机床 Z 轴的安装与精度检测步骤

1. 校验溜板箱与电动机座的同轴度

1）准备一套检棒和检套，检套如图 1-51 所示。
2）在电动机座上装入第一个检套，如图 1-52 所示。

图 1-49 松开溜板箱固定螺钉

图 1-50 用拔销器拔出溜板箱销钉

图 1-51 检套

图 1-52 装入第一个检套

3）在丝杠左端支承上装入第二个检套，如图 1-53 所示。

4）从电动机座左端插入左端检棒，如图 1-54 所示。

图 1-53 装入第二个检套

图 1-54 插入左端检棒

5）从溜板箱右端插入右端检棒，如图 1-55 所示。

6）调整表座，如图 1-56 所示。

图 1-55 插入右端检棒

图 1-56 调整表座

7）调整表头检测同轴度，如图 1-57 所示。

2. 安装右侧轴承座并与电动机座校验同轴度

1）安装右侧轴承座，如图 1-58 所示。

图 1-57 检测同轴度

图 1-58 安装右侧轴承座

2）插入右侧轴承座的检套，如图 1-59 所示。
3）把另一根检棒插入溜板箱，如图 1-60 所示。

图 1-59 插入右侧轴承座的检套

图 1-60 把另一根检棒插入溜板箱

4）将桥架从左侧移动到尾座的位置，注意读数，如图 1-61 所示。
5）用铜棒调整右侧轴承座的位置，直至与左侧电动机座调平，如图 1-62 所示。

图 1-61 将桥架从左侧移动到尾座

图 1-62 用铜棒调整右侧轴承座的位置

3. 安装滚珠丝杠并检测跳动

1）装入滚珠丝杠，套入丝杠副两端压板，如图 1-63 所示。
2）从左侧电动机座依次装入轴承、挡圈、锁紧螺母，如图 1-64 所示。

图 1-63　装入滚珠丝杠

图 1-64　从左侧电动机座依次装入轴承、挡圈、锁紧螺母

3）固定左侧支承的压板和锁紧螺母，如图 1-65 所示。

4）松开丝杠螺母，调整后再拧紧，如图 1-66 所示。

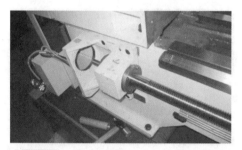

图 1-65　固定左侧支承的压板和锁紧螺母

图 1-66　松开丝杠螺母后调整、拧紧

5）检测丝杠跳动，如图 1-67 所示。

图 1-67　检测丝杠跳动

4. 检测丝杠的轴向窜动

将磁性表座吸附于丝杠的左端，调整丝杠端部锁紧螺母，用千分表测量丝杠的轴向圆跳动和轴向窜动，直至达到规定要求为止。

三、智能装备车削机床 Z 轴装配工艺过程卡

智能装备车削机床 Z 轴装配工艺过程卡见表 1-3。

表1-3 智能装备车削机床Z轴装配工艺过程卡

产品型号	部件名称	智能装备车削机床Z轴		共3页	第1页
				完成情况	备注
序号	装配内容及技术要求	装配工艺及技术要求	工艺装配工具及准备材料	自检记录	
YL-558系列					
一	零件的清洗和摆放,须符合GB/T 9061—2006《金属切削机床 通用技术条件》的各项规定	1. 将滚珠丝杠副(10016)、电动机座(10040)、丝杠螺母座(10033)、滚动轴承(760206, 106)用汽油清洗、轴承座(51011)用煤油清洗	汽油、煤油、油盘、油刷、棉布	完成	
		2. 用棉布擦拭滚珠丝杠副、滚动轴承;吊挂滚珠丝杠副,滚动轴承空隙1/3润滑脂并做防尘处理后吊挂,其余零件放置于橡胶板上	润滑脂、立架、橡胶板	完成	
二	拆卸机床尾座放在软基面上	拆卸尾座、主轴卡盘放置于橡胶板上	呆扳手、橡胶板	完成	
三	以Z轴电动机座为基准,安装及调整Z轴溜板箱、轴承支架,要求Z轴电动机座、溜板箱、轴承支架三者的同轴线上母线度误差≤0.01mm/全长,其轴承孔床身导轨的平行度上母线、侧母线全长误差均≤0.01mm/200mm	1. 在丝杠螺母座中装入检套、检棒,在0°和180°上分别检查其与床身导轨的平行度,其值取两次测量值的平均值	检套、检棒、铜棒、机油	检测值	
		2. 在丝杠螺母座中装入检套、检棒,在丝杠导轨两检棒上母线,在0°和180°上分别打表找正两检棒上母线,其值取两次测量值的平均值;紧固丝杠螺母座并装入定位销	内六角扳手、磁性表架、桥尺、百分表	检测值	
		3. 将电动机座放在床身上	杠杆百分表	检测值	
		4. 在电动机座中装入检套、检棒,在床身导轨上,在0°和180°上分别检查其与床身导轨上母线的平行度,其值取两次测量值的平均值	立架	检测值	
		5. 在轴承座中装入检套、检棒,在0°和180°上打表找正两检棒上母线,侧母线的同轴度,其值取两次测量值的平均值		检测值	

(续) 第 2 页

产品型号	YL-558 系列	智能装备车削机床 Z 轴		共 3 页	
序号	装配内容及技术要求	部件名称	工艺装配工具及准备材料	完成情况 自检记录	备注
四	安装 Z 轴电动机座、轴承支架及滚珠丝杠副组件；安装 Z 轴滚珠丝杠副组件：对 Z 轴整套传动部件予以固定	装配工艺及技术要求			
		1. 拆卸轴承座	内六角扳手	完成	
		2. 将滚珠丝杠副装入丝杠固紧固圈目紧固丝杠螺母座连接螺钉，在丝杠左端装入压盖（10029）后将滚珠丝杠副移出电动机座，依次在滚动轴上装入滚动轴承（760206）件 1，内、外轴承挡圈（10026、10025）及滚动轴承件 2、3，锁紧螺母挡圈（10028），压盖（10027）后旋上锁紧螺母 YSF 目预紧	铝套、锤子、磨石、钩形扳手、活扳手	完成	
		3. 用 50mm×50mm×300mm 木方抵住丝杠螺母座和电动机座，旋转滚珠丝杠将滚动轴承部件拉入电动机座，注意轴承是否到位，固定电动机座压盖于电动机座上	木方、整形锉、呆扳手	完成	
		4. 移动丝杠螺母座至尾座端，松开滚珠丝杠螺母连接螺钉	加长内六角扳手	完成	
		5. 将轴承座摆放在床身上，装入定位销后紧固连接螺钉，装上轴承盖压盖（106），装上轴承盖压盖（10037）目固定	φ12mm 铝棒	完成	
		6. 移动滑板箱至电动机侧目预紧丝杠螺母连接螺钉		完成	
		7. 将滚珠丝杠润滑油管装配到位		完成	
五	按图样正确固定及预紧滚珠丝杠副后，复检滚珠丝杠副在轴承座、电动机座、丝杠螺母座上侧母端线的径向圆跳动	1. 将百分表置于丝杠外径处，当表针有指示时，旋转丝杠使表针置零，搬动桥尺至电动机端、丝杠螺母端、轴承座针进入丝杠螺旋槽空处，旋转丝杠使表针置于丝杠外径处，检测丝杠径向圆跳动	桥尺、百分表、杠杆百分表、内六角扳手	完成	
		2. 三处误差 ≤0.015mm	磁性表架	完成	

项目一 智能装备车削机床机械部件装配与调整

（续）

产品型号	YL-558系列	智能装备车削机床Z轴				共3页 第3页
序号	装配内容及技术要求	部件名称	装配工艺及技术要求	工艺装配工具及准备材料	完成情况 自检记录	备注
六	检测及调整Z轴滚珠丝杠副安装后其与电动机轴连接端的径向圆跳动和轴向窜动，径向圆跳动误差≤0.012mm；轴向窜动误差≤0.008mm		1. 在电动机侧机床身上架杠杆千分表，在丝杠（10016）中心孔中用黄油粘入ϕ8mm钢珠，检测丝杠杠的径向窜动，误差≤0.008mm	磁性表架、黄油、ϕ8mm钢珠、杠杆千分表	检测值	
			2. 调整千分表到合适位置，检测丝杠的径向圆跳动，误差≤0.012mm	千分表	检测值	
			3. 若两项指标有一项超差，调整锁紧螺母YSF至符合指标后，锁紧YSF。或者将在联轴器的侧顶尖固定在适当位置，将两表的顶尖分别顶在联轴器侧母线和丝杠右端面中心孔中的ϕ8mm钢珠上，转动丝杠检验丝杠的径向圆跳动和轴向窜动，并进行调整	内六角扳手、百分表、杠杆千分表	完成	
七	安装Z轴伺服电动机、滚珠丝杠防护板		1. 确定伺服电动机在机床外运行合格	内六角扳手	完成	
			2. 装入联轴器EKL后固定伺服电动机，然后预紧紧联轴器确保连接有效	加长内六角扳手	完成	
			3. 装配丝杠副防护板	内六角扳手	完成	
八	安装机床防护门、尾座等其他零件		1. 安装机床尾座	呆扳手	完成	
			2. 安装主轴顶尖、尾座顶尖、步距规	内六角扳手	完成	
九	检测与补偿机床精度		1. 安装主轴顶尖、尾座顶尖、步距规	磁性表架	完成	
			2. 架杠杆千分表进行精度检测和补偿	杠杆千分表	完成	
			3. 机床精度补偿完毕后，拆卸主轴顶尖、尾座顶尖、步距规	套筒、铜棒	完成	
十	装入机床主轴卡盘		装入主轴卡盘	呆扳手	完成	

学习任务五　回转刀架装置

回转刀架用于智能装备车削机床，可安装在转塔头上用于夹持各种不同用途的刀具，通过转塔头的旋转分度并按数控装置的指令来实现机床的自动换刀动作。它的形式一般有立轴式和卧轴式。立轴式一般为四方或六方刀架，分别可安装四把或六把刀具；卧轴式通常为圆盘式回转刀架，可安装的刀具数量较多。

回转刀架在结构上应具有良好的强度和刚性，以承受粗加工时的切削抗力。由于车削加工精度在很大程度上取决于刀尖位置，对于智能装备车削机床来说，加工过程中刀尖位置不进行人工调整，因此更有必要选择可靠的定位方案和合理的定位结构，以保证回转刀架在每一次转位之后，具有尽可能高的重复定位精度（一般为 0.001～0.005mm）。

智能装备车削机床回转刀架动作的要求是：刀架抬起、刀架转位、刀架定位和夹紧刀架。为完成上述动作要求，要有相应的机构来实现，现以 WZD4 型刀架为例说明其具体结构，如图 1-68 所示。

WZD4 型刀架在经济型智能装备车削机床及卧式车床的数控化改造中得到了广泛的应用。

1. 工作原理

（1）刀架抬起　刀架可以安装四把不同的刀具，转位信号由加工程序指定。当换刀指令发出后，电动机 1 起动正转，通过平键套筒联轴器 2 使蜗杆轴 3 转动，从而带动蜗轮丝杠 4 转动。刀架体 7 内孔加工有螺纹，与丝杠连接，蜗轮与丝杠为整体结构。当蜗轮开始转动时，由于加工在刀架底座 5 和刀架体 7 上的端面齿处在啮合状态，且蜗轮丝杠轴向固定，这时刀架体 7 抬起。

（2）刀架转位　当刀架体抬至一定距离后，端面齿脱开。转位套 9 用销钉与蜗轮丝杠 4 连接，随蜗轮丝杠 4 一同转动，当端面齿完全脱开，转位套 9 正好转过 160°（图 1-68c 中 $A-A$ 剖视图所示），球头销 8 在弹簧力的作用下进入转位套 9 的槽中，带动刀架体转位。

（3）刀架定位　刀架体 7 转动时带着电刷座 10 转动，当转到程序指定的刀号时，粗定位销 15 在弹簧的作用下进入粗定位盘 6 的槽中进行粗定位，同时电刷 13 接触导体使电动机 1 反转，由于粗定位槽的限制，刀架体 7 不能转动，使其在该位置垂直落下，刀架体 7 和刀架底座 5 上的端面齿啮合实现精确定位。

（4）夹紧刀架　电动机继续反转，此时蜗轮停止转动，蜗杆轴 3 自身转动，当两端面齿增加到一定夹紧力时，电动机 1 停止转动。译码装置由发信体 11、电刷 13、14 组成，电刷 13 负责发信，电刷 14 负责位置判断。当刀架定位出现过定位或欠定位时，可松开螺母 12 调好发信体 11 与电刷 14 的相对位置。

2. 刀架动作顺序

换刀信号→电动机正转→刀台转位→刀位信号→电动机反转→初定位→精定位夹紧→电动机过电流停转→换刀答信→加工顺序进行。

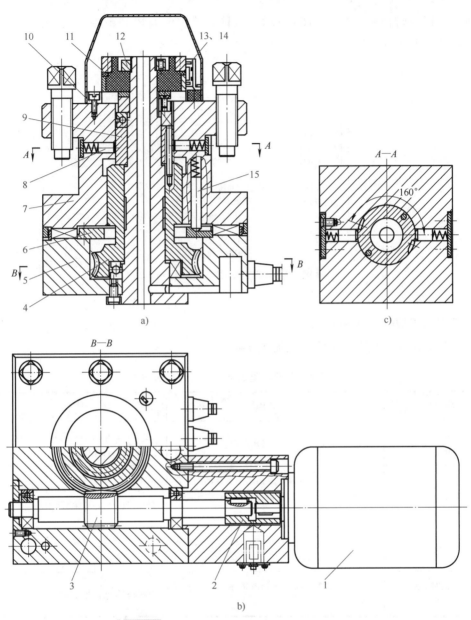

图 1-68 智能装备车削机床 WZD4 型刀架结构

1—电动机 2—平键套筒联轴器 3—蜗杆轴 4—蜗轮丝杠 5—刀架底座 6—粗定位盘 7—刀架体
8—球头销 9—转位套 10—电刷座 11—发信体 12—螺母 13、14—电刷 15—粗定位销

3. 四工位刀架的电气控制

电动刀架的电气控制分强电和弱电两部分,强电部分由三相电源驱动三相交流异步电动机正、反向旋转,从而实现电动刀架的松开、转位、锁紧等动作,弱电部分由位置传感器(霍尔元件)组成,每一个霍尔元件对应于电动刀架的一个工位,根据数控微机控制电动刀架的方式不同,霍尔元件的接线方式也不同。换刀时,数控微机输出正转信号,然后检测相应刀位线(T1～T4),当刀架到位后,撤销正转信号,给出反转信号,等到刀架

锁紧后，撤销反转信号，如图 1-69 所示。该种方式也配有控制箱，可代替三相交流接触器，用户可根据实行情况选用。

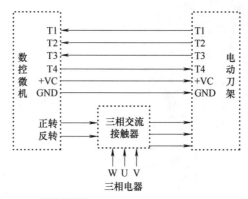

图 1-69　四工位刀架的电气控制

4. 刀架常见故障及排除方法

刀架常见故障、原因及排除方法见表 1-4。

表 1-4　刀架常见故障、原因及排除方法

故障现象	可能原因	排除方法
电动机不起动刀架不动作	电动机相位线接反；电源电压偏低	立即切断电源，调整电动机相位线、电源电压正常后再使用
刀架连续运转不停	发信盘接地线断路；发信盘电源线断路；霍尔元件断路及短路；磁钢磁极相反；磁钢与霍尔元件无信号	去掉上罩壳，检修发信装置及线路，调整磁钢磁极方向，更换霍尔元件
刀架在某刀位不停	某霍尔元件断路或短路；某霍尔元件与磁钢无信号	去掉上罩壳，修复某霍尔元件线路及焊板处，或更换霍尔元件
刀架换刀位时不到位或过冲太大	磁钢位置在圆周方向相对霍尔元件太前或太后	调整霍尔元件与磁钢的相对位置

注意：调整霍尔元件与磁钢的相对位置，一般在刀架锁紧状态下进行，其霍尔元件比磁钢要向前约磁钢宽度的 1/3。

工作任务六　四工位刀架的拆装

一、LD4 系列立式四工位刀架

LD4 系列立式四工位刀架采用蜗杆传动、上下齿盘啮合、螺杆夹紧的工作原理，具有转位快、定位精度高、切向扭矩大的优点。发信和转位采用霍尔元件，具有工作可靠度

高、刚性好、使用寿命长的优点。LD4 系列立式电动刀架适用于 C0625 以上的各种车床。图 1-70 所示为 YL-551PD 型 LD4 系列立式四工位刀架实训设备。

图 1-70 YL-551PD 型 LD4 系列立式四工位刀架实训设备

图 1-71 所示为 LD4 系列立式四工位刀架装配图。

二、拆装工具及准备材料

LD4 系列立式四工位刀架拆装工具及准备材料清单见表 1-5。

表 1-5 工具及准备材料清单

序号	名称	规格	单位	数量
1	橡胶锤		把	1
2	木锤		把	1
3	纯铜棒		根	1
4	卡簧钳		把	1
5	十字槽螺钉旋具		把	1
6	一字槽螺钉旋具		把	1
7	内六角扳手	BM-C9（球头加长镀铬）	套	1
8	电烙铁		个	1
9	零件盒		个	1
10	抹布			若干
11	煤油			若干
12	润滑油			若干

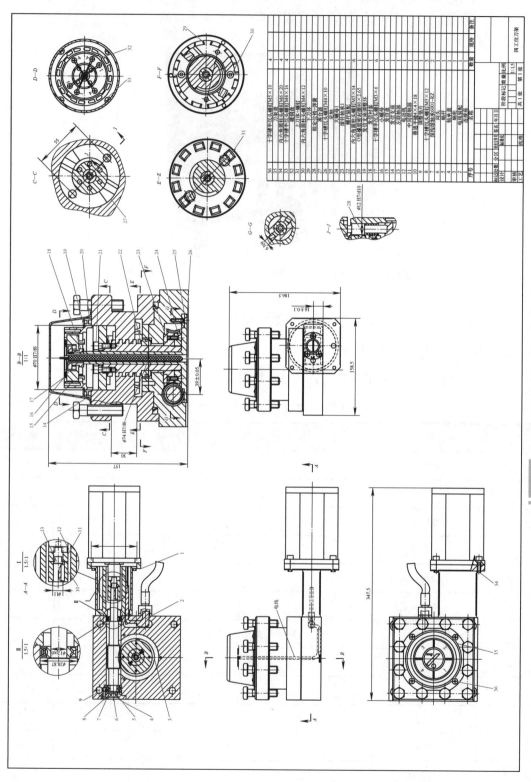

图 1-71 LD4 系列立式四工位刀架装配图

三、任务实施

1. 拆装注意事项

1）拆卸时零部件要轻拿轻放，按拆卸顺序摆放整齐，装配顺序与拆卸顺序相反。
2）保护所有轴承外包装直至装配开始。
3）在轴承装配好后要防止受污。
4）对下刀体、轴承、螺杆进行检查。
5）对轴、销、传动部件要上润滑脂。
6）在装配开始前，保证所有零部件无明显损坏。
7）编码器轻拿轻放，不能损坏。

由于四工位刀架的拆卸比较简单，按照从上至下、从外至内的顺序拆卸，并将零部件按拆卸顺序在工作台上摆放整齐。

注意：可使用 YL-SWS36A 型四工位刀架装调仿真软件进行虚拟装调。

2. 四工位刀架的拆卸

1）关闭电源，拆下刀架顶部铝上盖。
2）拆下发信盘上六根信号线，注意各接线位置。
3）松开小螺母，拆下发信盘。
4）松开大螺母中的内六角防松螺母，卸下大螺母、止退圈、轴承、离合盘。
5）将上刀体及内部零件拉出。
6）松开下刀体与机床连接的内六角螺钉，将刀架从机床上卸下。
7）松开刀架底部螺钉，将六根信号线从中心轴中抽出。从底部取出中心轴及蜗轮。
8）清洗各部件。

3. 四工位刀架的装配

（1）准备工作　准备装配工具，清洁零件与工作台。
（2）装配步骤
1）把信号线穿进刀架中心轴，如图 1-72 所示。
2）把中心轴放进刀架底座，如图 1-73 所示。

图 1-72　把信号线穿进刀架中心轴

图 1-73　把中心轴放进刀架底座

3）用木锤敲紧中心轴，如图 1-74 所示。
4）安装螺钉并拧紧，如图 1-75 所示。

图 1-74　用木锤敲紧中心轴　　　　　　　图 1-75　安装螺钉

5）沿着刀架底座凹槽拉紧信号线，不能让信号线露出来，如图 1-76 所示。

6）翻转刀架底座，安装平面轴承，如图 1-77 所示。

图 1-76　拉紧信号线　　　　　　　　　图 1-77　安装平面轴承

7）轴承孔紧的一边放在最下面，较松的一边放在上面，如图 1-78 所示。

8）把蜗轮丝杠（蜗轮与丝杠为整体结构）安装到中心轴上并转动检查是否顺畅，如图 1-79 所示。

图 1-78　轴承孔紧的一边朝下　　　　　　图 1-79　安装蜗轮丝杠

9）对准两销孔位置，安装定位盘，如图 1-80 所示。

10）用木锤敲紧定位盘，如图 1-81 所示。

图 1-80　安装定位盘　　　　　　　　　图 1-81　用木锤敲紧定位盘

11）安装六个螺钉并用内六角扳手拧紧，如图 1-82 所示。

12）安装刀架侧面的蜗杆轴承，如图 1-83 所示。

图 1-82　用内六角扳手拧紧

图 1-83　安装刀架侧面的蜗杆轴承

13）确定轴承、轴承套、蜗杆的位置，安装好轴承与轴承套，如图 1-84 所示。

14）在蜗杆上涂少量的黄油，如图 1-85 所示。

图 1-84　安装好轴承与轴承套

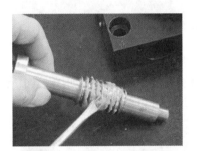

图 1-85　在蜗杆上涂少量的黄油

15）把蜗杆放进底座，如图 1-86 所示。

16）用木锤轻敲蜗杆，使轴承进入轴承孔，如图 1-87 所示。

图 1-86　把蜗杆放进底座

图 1-87　轻敲蜗杆使轴承进入轴承孔

17）用电动机座套着轴承，用木锤用力敲打，使轴承全部进入为止，如图 1-88 所示。

18）取出电动机座，如图 1-89 所示。

图 1-88　使轴承全部进入

图 1-89　取出电动机座

19）安装键，如图 1-90 所示。

20）安装联轴器，如图 1-91 所示。

图 1-90　安装键

图 1-91　安装联轴器

21）安装电动机座，如图 1-92 所示。

22）安装电动机座四个固定螺钉，如图 1-93 所示。

图 1-92　安装电动机座

图 1-93　安装电动机座的固定螺钉

23）在方刀架上安装两定位销，注意销的方向，如图 1-94 所示。

24）安装方刀架，顺时针转动方刀架，使方刀架转动到底部，如图 1-95 所示。

图 1-94　安装两定位销

图 1-95　转动方刀架到底部

25）用内六角扳手插入蜗杆，转动扳手使方刀架锁紧，如图 1-96 所示。
26）对准两孔，安装固定盘，如图 1-97 所示。

图 1-96　转动扳手使方刀架锁紧

图 1-97　安装固定盘

27）用手按下固定盘并露出键槽，如图 1-98 所示。
28）安装平面轴承，内孔较大的安装在下面，较小的安装在上面，如图 1-99 所示。

图 1-98　按下固定盘并露出键槽

图 1-99　安装平面轴承

29）安装键，如图 1-100 所示。
30）安装小固定盘，如图 1-101 所示。

图 1-100　安装键

图 1-101　安装小固定盘

31）安装固定螺母，如图 1-102 所示。
32）安装固定螺钉并拧紧，如图 1-103 所示。

图 1-102　安装固定螺母

图 1-103　安装固定螺钉

33）安装钢垫，如图 1-104 所示。

34）安装信号盘，如图 1-105 所示。

图 1-104　安装钢垫

图 1-105　安装信号盘

35）安装信号盘固定螺母并拧紧，如图 1-106 所示。

36）安装磁钢盘并拧紧螺钉，如图 1-107 所示。

图 1-106　安装信号盘固定螺母

图 1-107　安装磁钢盘

37）正确连接信号线，并安装密封圈，如图 1-108 所示。

38）安装罩盖并紧固螺钉，如图 1-109 所示。

图 1-108　连接信号线并安装密封圈

图 1-109　安装罩盖

39）安装电动机，如图 1-110 所示。
40）紧固螺钉，如图 1-111 所示。

图 1-110　安装电动机

图 1-111　紧固螺钉

41）把电源线穿过电动机罩孔，安装好电源线和地线，如图 1-112 所示。
42）安装电源保护端盖，如图 1-113 所示。

图 1-112　安装电源线和地线

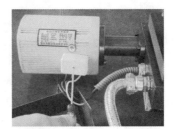

图 1-113　安装电源保护端盖

43）盖上电动机盖，并拧紧上面的两个螺钉，如图 1-114 所示。
44）安装端盖和螺钉，如图 1-115 所示。

图 1-114　安装电动机盖

图 1-115　安装端盖和螺钉

45）安装堵头，如图 1-116 所示。

图 1-116　安装堵头

工作任务七 六工位转塔刀架的拆装

一、六工位转塔刀架介绍

AK30J 系列六工位数控转塔刀架是新一代卧式数控转塔刀架，其主要特点为转位分度刀架体无需抬起、定位精度高、刚性好、结构简单且维修方便，是经济型车床必备的新一代刀架，可使零件通过一次装夹自动完成车削外圆、端面圆弧、螺纹和镗孔、切断、切槽等加工工序。图 1-117 所示为 YL-551XD 型 AK30J 系列六工位数控转塔刀架实训设备。

图 1-117 YL-551XD 型 AK30J 系列六工位数控转塔刀架实训设备

图 1-118 所示为 AK30J 系列六工位数控转塔刀架的装配结构简图。

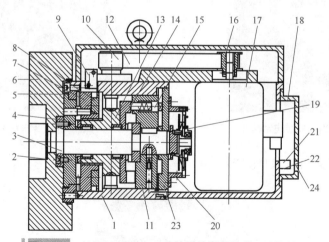

图 1-118 AK30J 系列六工位数控转塔刀架装配结构简图

1—本体 2—工位牌 3—主轴 4—转动齿盘 5—固定齿盘 6—刀盘 7—双联齿盘 8—压环
9—微动开关 10、16—带轮 11—销座 12—同步带 13—蜗轮 14—拨盘 15—粗定位销
17—电动机 18—罩 19—编码器 20—编码器支座 21—接线座 22—接线板 23—等分盘 24—接口（M16×1.5）

在手动方式或自动方式下，通过给刀架发出转位指令，刀架电动机 17 正转，通过同步带 12、蜗杆带动蜗轮 13 旋转，蜗轮的外螺纹将通过双联齿盘 7 的内螺纹将双联齿盘与固定齿盘 5、转动齿盘 4 渐渐脱开，同时双联齿盘固定的压环 8 压下的微动开关 9 的触头抬起，到达一定位置后，微动开关 9 将转换状态，继续转位到一定角度后，拨盘 14 的拨爪将拨动销座 11 的拨爪一起转位，销座通过键带动主轴 3、转动齿盘 4、刀盘 6 转位，当转到指定刀位后，编码器 19 发出到位信号，电动机反转延迟 1.6～1.8s 停止。反转过程中，通过同步带、蜗杆、蜗轮 13 将双联齿盘逐渐制动，同时压环 8 左移，压下微动开关 9。电动机反转延时 1.6～1.8s 停止，系统检测锁紧正位信号（微动开关压下），有回答信号，刀架则已到达指定刀位。

二、拆装工具及准备材料

AK30J 系列六工位刀架拆装工具及准备材料清单见表 1-6。

表 1-6　工具及准备材料清单

序号	名称	规格	单位	数量
1	橡胶锤		把	1
2	纯铜棒		根	1
3	卡簧钳		把	1
4	十字槽螺钉旋具		把	1
5	一字槽螺钉旋具		把	1
6	内六角扳手	BM-C9（球头加长镀铬）	套	1
7	电烙铁		个	1
8	零件盒		个	1
9	抹布			若干
10	煤油			若干
11	润滑油			若干

三、任务实施

1. 拆装注意事项

1）拆卸时零部件要轻拿轻放，按拆卸顺序摆放整齐，装配顺序与拆卸顺序相反。
2）保护所有轴承外包装直至装配开始。
3）在轴承装配好后要避免受污。
4）对下刀体、轴承、螺杆进行检查。
5）对轴、销、传动部件要上润滑脂。
6）在装配开始前，保证所有零部件无明显损坏。
7）编码器轻拿轻放，不受损坏。

2. 六工位转塔刀架的拆卸

六工位转塔刀架的拆卸按照从上至下、从外至内的顺序拆卸，并将零部件按拆卸顺序在工作台上摆放整齐。拆卸的过程不再详述,重点讲解六工位转塔刀架的装配过程。

注意: 可使用 YL-SWS36B 型六工位刀架装调仿真软件进行虚拟装调。

3. 六工位转塔刀架的装配

(1)准备工作　准备装配工具,清洁零件与工作台。按装配顺序将零件摆放在工作台上,注意保持清洁。

(2)步骤一:主轴模块装配

1)转动齿盘穿过主轴,贴近主轴轴肩,使用 6 个 M6×10 内六角圆柱头螺钉定位,敲入 2 个 $\phi 6$ 圆锥销,最后拧紧螺钉,如图 1-119 所示。

2)将 2 个 $\phi 10$ 圆锥销敲入转动齿盘的销孔内;隔环穿过主轴,贴近转动齿盘;将推力滚针轴承穿过主轴;将压环穿过主轴并贴近推力滚针轴承,与隔环配合;将固定齿盘穿过主轴与转动齿盘配合(**注意:** 固定齿盘与转动齿盘的齿方向要一致,否则无法与双联齿盘正确啮合),如图 1-120 所示。

图 1-119　安装转动齿盘

图 1-120　安装推力滚针轴承

3)将双联齿盘穿过主轴与转动齿盘和固定齿盘相啮合(**注意:** 在旋入蜗轮后,双联齿盘若与两个齿盘无法正确啮合,必须先拆卸蜗轮、双联齿盘后,重新进行调整),如图 1-121 所示。

4)将蜗轮上螺杆的梯形螺纹旋入双联齿盘,如图 1-122 所示。

图 1-121　安装双联齿盘

图 1-122　安装螺杆梯形螺纹

5)拨盘放于蜗轮上,用4个M6×10内六角圆柱头螺钉定位,敲入2个φ6×20圆锥销,最后拧紧螺钉;将推力滚针轴承穿过主轴,放在拨盘上,如图1-123所示。

6)将隔环穿过主轴安装好,将轴环穿过主轴与主轴上的槽配合,如图1-124所示。

图1-123　安装拨盘与推力滚针轴承

图1-124　安装隔环和轴环

7)将A型平键装入主轴键槽中。

8)将销座凸面朝向拨盘穿过主轴并配合,使用1个M10紧定螺钉将销座与主轴上螺纹孔连接,如图1-125所示。

9)为六工位刀塔本体内部上润滑油。

10)将装配好的主轴放入六工位刀塔本体内部,在固定齿盘和六工位刀塔本体上用6个M8×20内六角圆柱头螺钉定位,敲入2个φ10圆柱销,最后拧紧螺钉;将2个φ10圆锥销敲入转动齿盘销孔内,与双联齿盘进行固定(**注意**:每个销所对应的销孔一定要对齐,固定齿盘销孔要与本体齿盘对齐,转动齿盘销孔要与双联齿盘对齐),如图1-126所示。

图1-125　安装销座

图1-126　主轴装入六工位刀塔本体

11)将粗定位销放入弹簧,再放入销座中并调整位置;将压环放在刀架本体上;将等分盘与销座和粗定位销配合,如图1-127所示。

12)使用6个M5×20内六角圆柱头螺钉旋入螺纹孔定位,敲入2个φ6圆柱销,最后拧紧螺钉;在主轴轴端装入压环与等分盘贴合,再将卡簧装入主轴的槽内(**注意**:卡簧要完全进入槽内,否则无法对等分盘进行轴向固定),如图1-128所示。

图 1-127　将等分盘与销座和粗定位销配合

图 1-128　装入压环与等分盘贴合

13）将 1 个深沟球轴承装入蜗杆一端；在蜗杆上安装蜗杆固定座；在蜗杆上安装带轮；用 3 个 M6×10 内六角圆柱头螺钉与本体连接，如图 1-129 所示。

14）将一个圆柱滚子轴承装入带轮和蜗杆之间；将卡簧放入蜗杆轴端的槽内（**注意：卡簧必须要完全进入蜗杆槽内，否则会发生周向移动**），如图 1-130 所示。

图 1-129　在蜗杆上安装带轮

图 1-130　蜗杆上安装圆柱滚子轴承

15）在蜗杆另一端装入深沟球轴承；在蜗杆上安装蜗杆固定底座，使用 3 个 M6×10 内六角圆柱头螺钉固定，如图 1-131 所示。

（3）步骤二：电气及驱动模块装配

1）在主轴端面敲入 1 个 φ5 圆柱；将编码器固定在编码器支座上，使用 4 个 M4×10 平头一字槽螺钉加垫片；将编码器支座固定在等分盘上，使用 4 个 M4×10 平头一字槽螺钉，如图 1-132 所示。

图 1-131　安装深沟球轴承及蜗杆固定底座

图 1-132　安装编码器支座

2）将电动机与电动机座使用 4 个 M6×20 内六角圆柱头螺钉进行连接；将电动机座另一端使用 4 个 M6×20 内六角圆柱头螺钉加垫片进行定位；将同步带装入蜗杆和电动机上的同步带轮中；调整同步带的张紧程度，防止出现打滑；将电动机座与本体的螺钉拧紧（**注意**：电动机座另一端先定位，在位置调整好之前先不拧紧；两同步带轮需要等高），如图 1-133 所示。

3）将微动开关安装在本体的圆孔中，用 2 个 M4×5 平头一字槽螺钉进行固定，如图 1-134 所示。

图 1-133　安装同步带

图 1-134　安装微动开关

4）将刀架电动机放入电动机罩中，将刀架信号线穿过电动机罩连接在接线板上并用 2 个 M3×5 圆头十字槽螺钉固定在电动机罩上，如图 1-135 所示。

5）将电动机罩用 4 个 M5×20 内六角圆柱头螺钉进行定位，敲入 2 个 $\phi 6$ 圆柱销，最后拧紧螺钉，如图 1-136 所示。

图 1-135　安装刀架信号线

图 1-136　定位电动机罩

（4）步骤三：刀盘模块装配

1）将弹簧压块装入本体侧面凸块内孔中，内部有弹簧，如图 1-137 所示。

2）将刀盘用 6 个 M8×20 的内六角圆柱头螺钉定位，再敲入 2 个 $\phi 8$mm 圆柱销，最后拧紧螺钉，将弹簧压块压入凸块内孔中（**注意**：刀盘的销孔与螺纹孔要与转动齿盘对齐；刀架装配结束后，须进行精度检测）。

（5）步骤四：刀架外壳装配

1）将密封垫放在本体上，将刀架防护罩盖上。

2）使用4个M6螺栓和2个M5螺栓将刀架防护罩与本体连接固定，如图1-138所示。

图1-137 安装弹簧压块

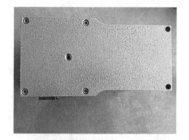

图1-138 安装防护罩

3）将密封垫放在本体后端，并将刀架信号线罩盖上，用4个M4×10平头一字槽螺钉进行固定，如图1-139所示。

4）将密封垫放在本体侧面，并将防尘盖装上，用M4×8平头一字槽螺钉固定，如图1-140所示。

图1-139 安装刀架信号线罩

图1-140 安装防尘盖

（6）步骤五：六工位刀架本体装配　将六工位刀架本体安装在机床上，用M4×8平头一字槽螺钉固定，如图1-141所示。

图1-141 将六工位刀架本体安装在机床上

工作任务八 车床十字滑台拆装与精度检测

一、十字滑台的介绍

十字滑台是指由两组直线滑台按照 X 轴方向和 Y 轴（车床为 Z 轴）方向组合而成的组合滑台，通常也称为坐标轴滑台、XY 轴滑台。工业上常常以横向表示 X 轴，另一个轴向就是 Y 轴（车床为 Z 轴）。X 轴的中点与 Y 轴（车床为 Z 轴）重合时，外观看起来像汉字"十"，十字滑台的名称也由此而来。YL-552A 型十字滑台如图 1-142 所示。

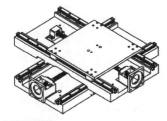

图 1-142 YL-552A 型十字滑台

1. 结构

十字滑台的结构主要分为两种：同步带结构和丝杠结构，其特性比较见表 1-7。

表 1-7 两种结构十字滑台的特性比较

特性	同步带结构	丝杠结构
刚性	一般	好
行程	大	短
造价	低	高
运行速度	快	一般

2. 工作原理

十字滑台的工作原理：通过一组直线滑台固定在另一组滑台的滑块上。例如：十字滑台把 X 轴固定在 Y 轴（或 Z 轴）的滑台上，这样 X 轴上的滑块就是运动对象，即可由 Y 轴（或 Z 轴）控制滑块的 Y（或 Z）方向运动，也可以由 X 轴控制滑块的 X 方向运动，其运动方式一般由外置驱动来实现。这样就可以实现让滑块在平面坐标上完成定点运动、线性或者曲线运动。

3. 应用范围

在自动化领域，十字滑台的应用主要集中在以下几大行业：

1）医疗机械行业：检查设备、测试设备。
2）平面处理机械行业：喷涂机械、点胶机械、涂胶机械等。
3）物流行业：货物自动分类机械、仓库管理机械等。
4）设备改造行业：机械手设备、生产线设备。
5）机床行业：智能装备车削机床溜板箱、智能装备铣削机床工作台等。

二、工具及准备材料

十字滑台的装配工具及准备材料清单见表 1-8。

表 1-8 工具及准备材料清单

序号	名称	规格	单位	数量
1	毛刷	1.5in（38.1mm）	把	1
2	内六角扳手	BM-C9（9PC球头加长镀铬）	套	1
3	大理石平尺	500mm×100mm×50mm	把	1
4	大理石方尺	300mm×300mm	把	1
5	磁性表座		个	1
6	百分表	0～10mm		
7	杠杆百分表	0～0.8mm	把	1
8	专用检测垫铁		块	
9	假轨	HG15	只	1
10	轴承安装器		只	1
11	纯铜棒		根	
12	M4顶丝	M4×50	只	
13	拔销器		只	
14	钩形扳手	22～26mm	把	1
15	卡簧钳		把	1
16	丝杠摇杆	长300mm	个	1
17	小钢球	φ6mm	粒	1
18	橡胶锤		把	1
19	零件盒		个	1
20	抹布			若干
21	煤油			若干
22	润滑油			若干
23	十字滑台	YL-552A型	套	1

三、任务实施

（一）注意事项

1）保护所有轴承外包装直至装配开始。
2）在轴承装配好后要防止受污。
3）对轴承、连接件进行检查。
4）对轴、销、传动部件要上润滑脂。
5）在装配开始前，保证所有零部件无明显损坏。

注意：可使用 YL-SWS43A 型数控十字滑台装调仿真软件进行。

（二）十字滑台 Z 轴滑台装配与精度检测

1. Z 轴平台检查与清理

检查滑台 Z 轴平台上是否有异物，并用抹布擦拭 Z 轴平台上的导轨和丝杠安装处，如图 1-143 所示。

2. Z 轴直线导轨安装

1）先把 Z 轴导轨 1 装在导轨安装基面上，用 M4×16 螺钉轻轻带靠，可以顺着一个方向或者从中间向两端依次进行，如图 1-144 所示。

图 1-143　清理滑台 Z 轴平台

图 1-144　在导轨基面安装导轨 1

2）将斜压块放在导轨下方凹槽中，使用 M4×12 内六角螺钉，顺着一个方向依次拧紧（**注意**：在拧螺钉的同时移动滑块，确保斜压块不会阻挡滑块移动），如图 1-145 所示。

3）将另外一根导轨 2 装在导轨安装基面上，同样使用 M4×16 螺钉固定（**注意**：先不安装斜压块，需先进行导轨精度的检测与调整），如图 1-146 所示。

图 1-145　在导轨基面紧固导轨 1

图 1-146　在导轨基面安装导轨 2

3. Z 轴导轨 1 上母线直线度精度检测

1）擦拭平尺表面，将平尺放在导轨 2 的两个滑块上，如图 1-147 所示。

2）在导轨 1 的滑块上安装专用检测垫铁，如图 1-148 所示。

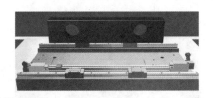
图 1-147　将平尺放在导轨 2 的两个滑块上

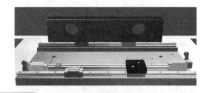
图 1-148　在导轨 1 的滑块上安装专用检测垫铁

3）将磁性表座吸附在专用检测垫铁上，安装杠杆百分表，旋转磁性表座上用于固定的旋钮，如图 1-149 所示。

4）杠杆百分表触及平尺上表面，移动滑块并测量，精度要求为≤0.01mm/300mm，如图 1-150 所示（**注意**：精度不对时，松开固定导轨的螺钉进行调整，然后重新拧紧）。

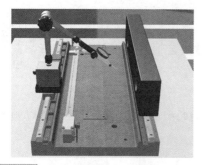

图 1-149　在专用检测垫铁上安装杠杆百分表

图 1-150　Z 轴导轨 1 上母线直线度精度检测

4. Z 轴导轨 1 侧母线直线度精度检测

1）将平尺侧放，将百分表触及平尺侧面，如图 1-151 所示。

2）先记录平尺一端数值，再使平尺另一端数值相等，若不相等，可使用橡胶锤敲击平尺进行调试；平尺两端百分表对零后，移动滑块并测量，精度要求为≤0.01mm/300mm，如图 1-152 所示（**注意**：精度不对时，松开固定斜压块的螺钉进行调整，然后重新拧紧）。

图 1-151　百分表触及平尺侧面

图 1-152　Z 轴导轨 1 侧母线直线度精度检测

5. Z 轴两导轨间的等高度检测

1）在导轨 2 上安装斜压块，如图 1-153 所示。

2）用前述方法，将检测垫铁与杠杆百分表安装在导轨 2 上，调整表盘，使得杠杆百分表测头触及导轨 1 滑块上表面，如图 1-154 所示。

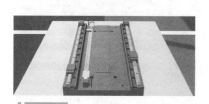

图 1-153　在导轨 2 上安装斜压块

图 1-154　使杠杆百分表测头触及导轨 1 滑块上表面

3）同步推动两边的滑块测量两导轨间的等高度，精度要求为≤0.05mm/300mm，如图 1-155 所示。

图 1-155　Z 轴两导轨间的等高度检测

6. Z 轴两导轨间的平行度检测

1）调整杠杆百分表表盘，使百分表测头触及导轨 1 滑块侧面，如图 1-156 所示。

2）同步推动两边的滑块测量两导轨间的平行度，精度要求为≤0.05mm/300mm，如图 1-157 所示。

图 1-156　使百分表测头触及导轨 1 滑块侧面

图 1-157　Z 轴两导轨间的平行度检测

7. 安装 Z 轴滚珠丝杠机构

1）在角接触球轴承上抹上润滑脂，注意轴承上的标记符号采用背靠背方式，如图 1-158 所示。

2）先用手将轴承轻轻按压到电动机座里，然后使用轴承拆装工具将轴承安装到位，如图 1-159 所示。

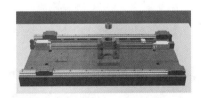

图 1-158　采用背靠背方式安装角接触球轴承

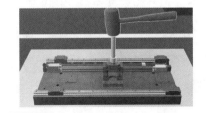

图 1-159　将轴承安装到 Z 轴电动机座里

3）在 Z 轴电动机座上安装轴承端盖，如图 1-160 所示。

4）擦拭电动机座安装面，然后将电动机座安装在 Z 轴平台右端，先安装电动机座上的定位销确定位置，如图 1-161 所示。

图 1-160　安装轴承端盖

图 1-161　安装定位销

5）使用 4 个 M6×30 螺钉将电动机座固定，如图 1-162 所示。

6）移动 Z 轴滚珠丝杠使其与 Z 轴电动机座配合，如图 1-163 所示。

图 1-162　固定电动机座

图 1-163　使滚珠丝杠与电动机座配合

7）将轴承座安装到 Z 轴滚珠丝杠左端，在 Z 轴平台上用 2 个定位销定位，如图 1-164 所示。

8）用 2 个 M4×30 螺钉将 Z 轴滚珠丝杠左端轴承座固定，如图 1-165 所示。

图 1-164　定位 Z 轴滚珠丝杠左端轴承座

图 1-165　固定 Z 轴滚珠丝杠左端轴承座

9）在 Z 轴滚珠丝杠左端轴承座上使用卡簧钳安装卡簧，如图 1-166 所示。

10）在 Z 轴电动机座上装上隔套，如图 1-167 所示。

图 1-166　在 Z 轴滚珠丝杠左端轴承座上安装卡簧

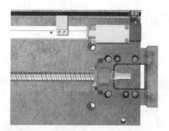
图 1-167　在 Z 轴电动机座上装上隔套

11）在 Z 轴电动机座上装上螺母，并用钩形扳手拧紧，如图 1-168 所示。

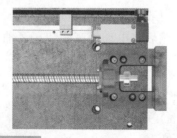
图 1-168　在 Z 轴电动机座上装上螺母

8. 直线导轨与 Z 轴滚珠丝杠上母线的精度检测

1）使用丝杠摇手将 Z 轴滚珠丝杠螺母座移动到右端，如图 1-169 所示。

2）将专用检测垫铁安装在滑块上，并将杠杆百分表磁性表座吸附在专用检测垫铁上，百分表测头垂直触及 Z 轴滚珠丝杠的上母线，并移动垫铁测量，上母线精度≤0.06mm，如图 1-170 所示（**注意**：精度误差过大时，根据情况可在电动机座与轴承座下方垫铜片）。

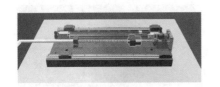
图 1-169　将 Z 轴滚珠丝杠螺母座移动到右端

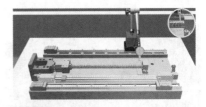
图 1-170　Z 轴滚珠丝杠上母线精检测度

9. 直线导轨与 Z 轴滚珠丝杠侧母线的精度检测

1）将专用检测垫铁安装在滑块上，并将杠杆百分表磁性表座吸附在专用检测垫铁上，调整百分表表盘位置，使测头与丝杠侧母线垂直，如图 1-171 所示。

2）百分表触及丝杠的侧母线，并移动垫铁测量，侧母线精度≤0.06mm，如图 1-172 所示（**注意**：精度不对时，松开固定电动机座和轴承座的螺钉进行调整）。

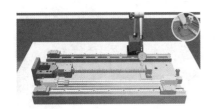
图 1-171　使测头与丝杠侧母线垂直

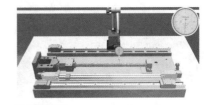
图 1-172　滚珠丝杠侧母线精度检测

10. 安装 X 轴平台

1）用定位销将 X 轴平台与 Z 轴滚珠丝杠螺母座连接处的位置定位，如图 1-173 所示。

2）用螺钉将 X 轴平台与 Z 轴导轨滑块固定，如图 1-174 所示。

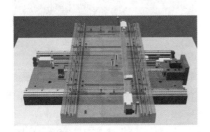
图 1-173　用定位销定位 X 轴平台

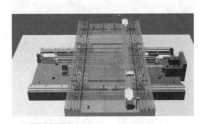
图 1-174　用螺钉固定 X 轴平台

3）安装侧边用来固定和调节垂直的斜压块，如图1-175所示。

（三）十字滑台X轴滑台装配与精度检测

1. X轴平台检查与清理

检查X轴平台上是否有异物，并用抹布擦拭X轴平台上的导轨和丝杠安装处，如图1-176所示。

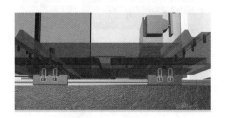
图1-175　安装斜压块

图1-176　X轴平台检查与清理

2. X轴直线导轨安装

1）先把X轴导轨1装在导轨安装基面上，用M4×16螺钉轻轻带靠，可以顺着一个方向或者从中间向两端依次进行，如图1-177所示。

2）将斜压块放在导轨下方凹槽中，用M4×12内六角螺钉顺着一个方向依次拧紧，如图1-178所示（**注意**：在拧螺钉的同时移动滑块，确保斜压块不会阻挡滑块移动）。

图1-177　安装X轴导轨1

图1-178　顺着一个方向依次拧紧内六角螺钉

3）将另外一根X轴导轨2装在导轨安装基面上，同样使用M4×16螺钉固定，如图1-179所示（**注意**：先不安装斜压块，需先进行导轨精度的检测与调整）。

3. X轴导轨1上母线直线度精度检测

1）擦拭平尺表面，将大理石平尺放在X轴导轨2的两个滑块上，如图1-180所示。

图1-179　安装X轴导轨2

图1-180　将平尺放在X轴导轨2的两个滑块上

2）在X轴导轨1的滑块上安装专用检测垫铁，用螺钉将垫铁固定到滑块上，如图1-181所示。

3)将磁性表座吸附在专用检测垫铁上,安装杠杆百分表,旋转磁性表座上用于固定的旋钮,杠杆百分表测头垂直触及平尺上表面,如图1-182所示。

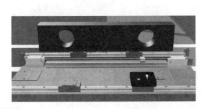
图1-181 在X轴导轨1的滑块上安装专用检测垫铁

图1-182 杠杆百分表测头垂直触及平尺上表面

4)移动滑块并测量,精度要求为≤0.01mm/300mm,如图1-183所示(**注意**:精度不对时,松开固定导轨的螺钉进行调整,然后重新拧紧)。

图1-183 X轴导轨1上母线直线度精度检测

4. X轴导轨1侧母线直线度精度检测

1)将平尺侧放,将百分表测头触及平尺侧面,先记录平尺这端数值,再使平尺另一端数值相等,若不相等,使用橡胶锤敲击平尺进行调试,如图1-184所示。

2)平尺两端百分表对零后,移动滑块并测量,精度要求为≤0.01mm/300mm,如图1-185所示(**注意**:精度不对时,松开固定斜压块的螺钉进行调整,然后重新拧紧)。

图1-184 百分表测头触及平尺侧面

图1-185 X轴导轨1侧母线直线度精度检测

5. X轴两导轨间的等高度检测

1)将X轴导轨2安装上斜压块,如图1-186所示。

2)X轴导轨2安装专用检测垫铁,将杠杆百分表磁性表座固定于垫铁之上,调整杠杆百分表表盘,使得杠杆百分表测头垂直触及导轨1的滑块上表面,如图1-187所示。

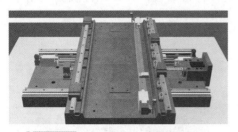

图 1-186　X 轴导轨 2 安装上斜压块

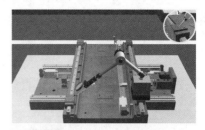

图 1-187　杠杆百分表测头垂直触及导轨 1 的滑块上表面

3）同步推动两边的滑块测量两导轨的等高度，精度要求为≤0.05mm/300mm，如图 1-188 所示。

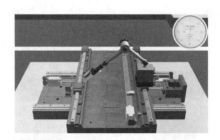

图 1-188　X 轴两导轨间的等高度检测

6. X 轴两导轨间的平行度检测

1）杠杆百分表测头垂直触及导轨 1 的滑块侧面，如图 1-189 所示。

2）同步推动两边的滑块测量两导轨间的平行度，精度要求为≤0.05mm/300mm，如图 1-190 所示。

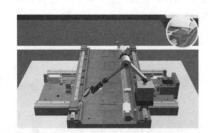

图 1-189　百分表测头垂直触及导轨 1 的滑块侧面

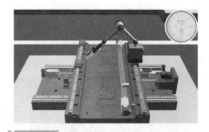

图 1-190　X 轴两导轨间的平行度检测

7. 安装 X 轴滚珠丝杠机构

1）在角接触球轴承上抹上润滑脂，注意轴承上的标记符号采用背靠背方式，如图 1-191 所示。

2）先用手将轴承按压到 X 轴电动机座里，然后使用轴承拆装工具将轴承安装到位，如图 1-192 所示。

图 1-191 采用背靠背方式安装轴承

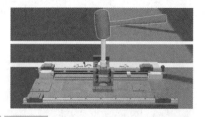
图 1-192 将轴承安装到 X 轴电动机座里

3）安装 X 轴电动机座轴承端盖，如图 1-193 所示。

4）擦拭 X 轴电动机座安装面，然后将电动机座安装在 X 轴平台上，先安装电动机座上的定位销确定位置，如图 1-194 所示。

图 1-193 安装 X 轴电动机座轴承端盖

图 1-194 安装 X 轴电动机座定位销

5）使用 4 个 M6×30 螺钉将电动机座固定，如图 1-195 所示。

6）移动 X 轴滚珠丝杠使其与 X 轴电动机座配合，如图 1-196 所示。

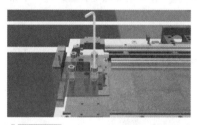
图 1-195 安装 X 轴电动机座螺钉

图 1-196 安装 X 轴滚珠丝杠与电动机座配合

7）在 X 轴右端将轴承座安装到滚珠丝杠上，先安装定位销，再使用 2 个 M4×30 螺钉将轴承座固定，如图 1-197 所示。

8）在 X 轴滚珠丝杠右端轴承座上使用卡簧钳安装卡簧，如图 1-198 所示。

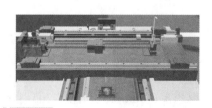
图 1-197 固定 X 轴滚珠丝杠右端轴承座

图 1-198 在 X 轴滚珠丝杠右端轴承座上安装卡簧

9）在 X 轴电动机座上装上隔套，如图 1-199 所示。

10）在 X 轴电动机座上装上螺母，并用钩形扳手拧紧，如图 1-200 所示。

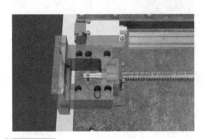
图 1-199　在 X 轴电动机座上装上隔套

图 1-200　在 X 轴电动机座上装上螺母

8. 直线导轨与 X 轴滚珠丝杠上母线的精度检测

1）先使用丝杠摇手将 X 轴滚珠丝杠螺母座移动到左端，如图 1-201 所示。

2）将专用检测垫铁安装在导轨 2 的滑块上，如图 1-202 所示。

图 1-201　将 X 轴滚珠丝杠螺母座移动到左端

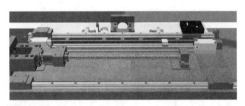
图 1-202　在导轨 2 的滑块上安装专用检测垫铁

3）将杠杆百分表的磁性表座吸附在专用检测垫铁上，调整表盘位置，百分表测头垂直触及丝杠的上母线，并移动垫铁测量，上母线精度要求为≤0.06mm，如图 1-203 所示（**注意**：精度误差过大时，根据情况可在电动机座与轴承座下方垫铜片）。

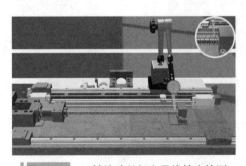
图 1-203　X 轴滚珠丝杠上母线精度检测

9. 直线导轨与 X 轴滚珠丝杠侧母线的精度检测

1）将专用检测垫铁安装在导轨 2 的滑块上，如图 1-204 所示。

2）将杠杆百分表磁性表座吸附在专用检测垫铁上，调整表盘位置，百分表测头垂直触及丝杠的侧母线，并移动垫铁测量，侧母线精度要求≤0.06mm，如图 1-205 所示（**注意**：精度不对时，松开固定电动机座和轴承座的螺钉进行调整）。

项目一 智能装备车削机床机械部件装配与调整

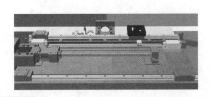

图1-204 在导轨2的滑块上安装专用检测垫铁

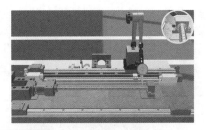

图1-205 X轴滚珠丝杠侧母线精检测度

10. 安装滑台面

1）用定位销将滑台面与X轴滚珠丝杠螺母座连接处的位置固定起来，如图1-206所示。

2）用螺钉将滑台面与X轴两导轨上的滑块固定，如图1-207所示。

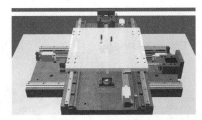

图1-206 固定滑台面与X轴滚珠丝杠螺母座

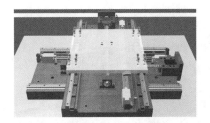

图1-207 固定滑台面与X轴两导轨上的滑块

（四）十字滑台垂直度检测

1）使用抹布擦拭工作台和方尺表面，如图1-208所示。

2）将大理石方尺放置在滑台面上，如图1-209所示。

图1-208 擦拭工作台和方尺表面

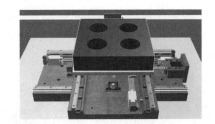

图1-209 将大理石方尺放置在滑台面上

3）将X轴平台和滑台面移到一端，如图1-210所示。

4）将磁性表座吸附在Z轴电动机座上，使杠杆百分表测头垂直触及大理石方尺一侧，调节表盘旋钮，压表半圈测量，如图1-211所示。

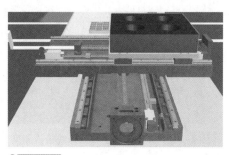

图 1-210　将 X 轴平台和滑台面移到一端

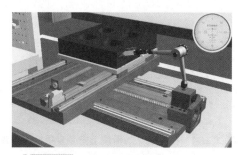

图 1-211　使杠杆百分表测头垂直触及大理石方尺一侧

5）将工作台沿 X 轴方向移动，校正大理石方尺一侧的两端，如图 1-212 所示（**注意：测量方尺两端有误差时，使用橡胶锤调整大理石方尺位置**）。

6）再次将工作台沿 X 轴方向来回移动，确认大理石方尺一侧两端垂直度≤0.01mm，如图 1-213 所示。

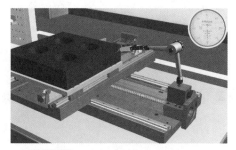

图 1-212　校正大理石方尺一侧的两端

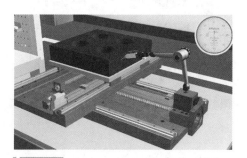

图 1-213　确认大理石方尺一侧两端垂直度

7）将杠杆百分表磁性表座吸附在 Z 轴电动机座侧面，使百分表测头垂直触及方尺另一侧，如图 1-214 所示。

8）将工作台沿 Z 轴方向移动并确认垂直度≤0.04mm，如图 1-215 所示（**注意：垂直度误差过大时，可松开固定斜压块的螺钉进行调整**）。

图 1-214　使百分表测头垂直触及方尺另一侧

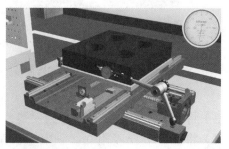

图 1-215　沿 Z 轴方向移动并确认垂直度

思 考 题

一、填空题

1. 数控机床在结构设计上要尽可能提高其静、动刚度，提高其_____的灵敏度，提高其_____保持性，同时保证具有高的_____和_____等，以提高其加工精度。

2. 数控机床具备高的运动精度、定位精度和高的自动化性能，其机械结构的特点主要表现在：_____、_____、_____、热变形小、高精度保持性、高可靠性、模块化和机电一体化。

3. 智能装备车削机床的机械结构系统包括_____、_____、刀架、床身、辅助装置等部分。

4. 智能装备车削机床的床身和导轨的布局主要有_____、_____、平床身斜滑板、立床身等。

5. 智能装备车削机床的主轴轴承一般采用_____。

6. 滚动轴承间隙的调整或预紧，通常是使轴承内、外圈相对轴向移动来实现的。常用的方法有_____、_____和_____三种。

7. 主轴部件包括_____、主轴头、_____、轴承等，是机床的关键部件。

8. 根据齿形不同，同步带分为_____和_____。

9. 丝杠副的作用是可使_____与_____相互转换。

10. 滚珠丝杠螺母的装配，需要测量其轴线对工作台滑动导轨面在垂直方向和水平方向上的_____。

11. 滚珠丝杠副是一种在丝杠和螺母间装有_____作为中间元件的运动副，有_____和_____两种。

12. 若电动机与丝杠联轴器松动，则滚珠丝杠副产生_____。

13. 塑料导轨也称为镶粘塑料导轨，有_____、_____两种。

14. 智能装备车削机床回转刀架根据刀架回转轴与安装底面的相对位置，分为_____和_____两种。

15. 经济型智能装备车削机床方刀架换刀时的动作顺序是：_____、_____、_____和_____。

二、选择题

1. 在带有齿轮传动的主传动系统中，齿轮的换挡主要都靠（　　）拨叉来完成。
A. 气压　　　　　B. 液压　　　　　C. 电动

2. 为了实现带传动的准确定位，常用多楔带和（　　）。
A. 同步带　　　B. V带　　　　C. 平带　　　　D. 多联V带

3. 电主轴是精密部件，在高速运转情况下，任何（　　）进入主轴轴承，都可能引起振动，甚至使主轴轴承咬死。
A. 微尘　　　　B. 油气　　　　C. 杂质

4. 多楔带与带轮的接触好，负载分配均匀，即使瞬时超载，也不会产生打滑，而传动功率比 V 带大（　　）。

  A. 15%～25% B. 20%～30% C. 25%～30%

5.（　　）具有带传动和链传动的优点，与一般的带传动相比，它不会打滑，且不需要很大的张紧力，减少或消除了轴的静态径向力；传动效率高达 98%～99.5%；可用于 60～80m/s 的高速传动。

  A. 多楔带 B. V 带 C. 同步带

6. 为了保证数控机床能满足不同的工艺要求，并能够获得最佳切削速度，对主传动系统的要求是（　　）。

  A. 无级调速   B. 变速范围宽

  C. 分段无级变速 D. 变速范围宽且能无级变速

7. 主轴采用带传动变速时，一般常用（　　）、同步带。

  A. V 带 B. 多联 V 带 C. 平带 D. 圆带

8. 数控机床一般都具有较好的安全防护、自动排屑、自动冷却和（　　）等装置。

  A. 自动润滑   B. 自动测量

  C. 自动装卸工件 D. 自动交换工作台

9. 数控机床的主机（机械部件）包括床身、主轴箱、刀架、尾座和（　　）。

  A. 进给机构 B. 液压系统 C. 冷却系统

10. 导轨倾斜角为（　　）的斜床身通常称为立床身。

  A. 60° B. 75° C. 90° D. 30°

11. 滚珠丝杠副的传动效率 η=0.92～0.96，比常规的丝杠副提高 3～4 倍。因此，功率消耗只相当于常规丝杠副的（　　）。

  A. 1/2～1/3 B. 1/3～1/4 C. 1/4～1/3

12. 滚珠丝杠副有可逆性，可以从旋转运动转换为直线运动，也可以从直线运动转换为旋转运动，即丝杠和螺母都可以作为（　　）。

  A. 主动件 B. 从动件 C. 主运动

13. 滚珠丝杠副由丝杠、螺母、滚珠和（　　）组成。

  A. 消隙器 B. 补偿器 C. 反向器 D. 插补器

14. 一端固定、一端自由的丝杠支承方式适用于（　　）。

  A. 丝杠较短或丝杠垂直安装的场合 B. 位移精度要求较高的场合

  C. 刚度要求较高的场合 D. 以上三种场合

15. 滚珠丝杠预紧的目的是（　　）。

  A. 增加阻尼比，提高抗振性 B. 提高运动平稳性

  C. 消除轴向间隙和提高传动刚度 D. 加大摩擦力，使系统能自锁

16. 滚珠丝杠副消除轴向间隙的目的是（　　）。

  A. 减小摩擦力矩 B. 提高使用寿命

  C. 提高反向传动精度 D. 增大驱动力矩

17. 滚珠丝杠副在工作过程中所受的载荷主要是（　　）。

  A. 轴向载荷 B. 径向载荷 C. 扭转载荷

18. 塑料导轨两导轨面间的摩擦为（　　）。

A. 滑动摩擦　　　　B. 滚动摩擦　　　　C. 液体摩擦

19. 数控机床导轨按接合面的摩擦性质可分为滑动导轨、滚动导轨和（　　）导轨三种。

A. 贴塑　　　　B. 静压　　　　C. 动摩擦　　　　D. 静摩擦

20. 若出现定位精度下降、反向间隙过大、机械爬行、轴承噪声过大等现象，通常是（　　）故障。

A. 进给传动链　　B. 主轴部件　　C. 自动换刀装置　　D. 液压系统

三、判断题（正确的划"√"，错误的划"×"）

1. （　）计算机数控系统的核心是计算机。
2. （　）智能装备车削机床的床身和导轨的布局与普通卧式车床完全一样。
3. （　）平床身智能装备车削机床的工艺性好，导轨面容易加工，减小了机床宽度方向结构尺寸。
4. （　）斜床身智能装备车削机床观察角度好，排屑性能好。
5. （　）立床身的排屑性能最好，且立床身机床工件重量所产生的变形方向正好沿着垂直运动方向，对精度影响最小。
6. （　）为了减少传动阻力，只在丝杠的一端安装轴承。
7. （　）滚珠丝杠副能实现无间隙传动，定位精度高，刚度好。
8. （　）滚珠在循环过程中有时与丝杠脱离接触的称为内循环。
9. （　）将丝杠制成空心，通入冷却液强行冷却，可以有效地散发丝杠传动中的热量。
10. （　）在数控机床中常用滚珠丝杠，用滚动摩擦代替滑动摩擦。
11. （　）滚珠丝杠副是通过预紧的方式调整丝杠和螺母间的轴向间隙的。
12. （　）滚珠丝杠副消除轴向间隙的目的主要是减小摩擦力矩。
13. （　）滚珠丝杠主要承受径向载荷，因此滚珠丝杠的精度和刚度要求较高。
14. （　）数控机床传动丝杠反方向间隙是不能补偿的。
15. （　）滚珠丝杠副由于不能自锁，故在垂直安装应用时需添加平衡或自锁装置。
16. （　）导轨按运动轨迹可分为开式导轨和闭式导轨。
17. （　）贴塑导轨是在动导轨的摩擦表面上贴上一层塑料软带，以降低摩擦因数，提高导轨的耐磨性。
18. （　）导轨润滑不良可使导轨研伤。
19. （　）智能装备车削机床采用刀库形式的自动换刀装置。
20. （　）智能装备车削机床刀架的定位精度和垂直精度中影响加工精度的主要是前者。

项目二
智能装备铣削机床（加工中心）机械部件装配与调整

学习目标▶

1. 了解智能装备铣削机床（加工中心）的机械结构与特点。
2. 了解智能装备铣削机床（加工中心）的主轴部件与特点。
3. 掌握加工中心机械主轴装配与调试操作技能。
4. 掌握数控加工中心刀库装配与调试操作技能。
5. 掌握智能装备铣削机床（加工中心）滑台的装配与调试技能。

重点和难点▶

1. 加工中心机械主轴装配与调试。
2. 数控加工中心刀库装配与调试。
3. 智能装备铣削机床（加工中心）滑台的装配与调试。

延伸阅读▶

延伸阅读

智能装备铣削机床是在一般铣床的基础上发展起来的一种自动加工设备，两者的加工工艺基本相同，结构也有些相似。智能装备铣削机床又分为不带刀库和带刀库两大类。其中带刀库的智能装备铣削机床又称为加工中心。

项目二 智能装备铣削机床（加工中心）机械部件装配与调整

学习任务一　智能装备铣削机床（加工中心）机械结构

一、智能装备铣削机床机械结构与布局

1. 智能装备铣削机床机械结构

智能装备铣削机床的机械结构，除铣床基础部件外，由下列各部分组成：

1）主传动系统。
2）进给传动系统。
3）实现工件回转、定位的装置和附件。
4）实现某些部件动作和辅助功能的系统和装置，如液压、气动、润滑、冷却等系统以及排屑、防护等装置。

铣床基础部件通常是指床身、底座、立柱、横梁、滑座、工作台等。它是整台铣床的基础和框架。铣床的其他零部件或者固定在基础部件上，或者工作时在它的导轨上运动。其他机械结构的组成则按铣床的功能需要进行选用。XK714 型智能装备铣削机床床身结构简图如图 2-1 所示。

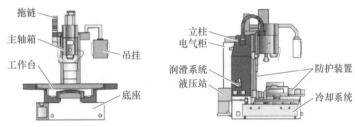

图 2-1　XK714 型智能装备铣削机床床身结构简图

2. 智能装备铣削机床布局

智能装备铣削机床是一种用途广泛的机床，分为立式、卧式和立卧两用式三种。立卧两用式智能装备铣削机床的主轴（或工作台）方向可以更换，既可以进行立式加工，又可以进行卧式加工，其应用范围更广、功能更全。

图 2-2 所示是新型五面智能装备铣削机床（立卧两用智能装备铣削机床）动力头的形式。图 2-3 所示是立卧两用智能装备铣削机床的一种布局形式。

图 2-2　新型五面智能装备铣削机床动力头的形式

图 2-3　立卧两用智能装备铣削机床的一种布局形式

一般智能装备铣削机床是指规格较小的升降台式智能装备铣削机床，其工作台宽度多在 400mm 以下，规格较大的智能装备铣削机床，例如工作台宽度在 500mm 以上的，其功能已向加工中心靠近，进而演变成柔性加工单元。一般情况下，智能装备铣削机床只能用来加工平面曲线的轮廓。对于有特殊要求的智能装备铣削机床，还可以加进一个回转的 A 轴或 C 轴，例如增加一个数控回转工作台，这时机床的数控系统即变为四轴控制，用来加工螺旋槽、叶片等立体曲面零件。

根据工件的重量和尺寸不同，智能装备铣削机床有四种不同的布局方案，布局情况见表 2-1。

表 2-1 智能装备铣削机床布局情况

布局	布局形式	适用情况	运动情况
a		加工较轻工件的升降台铣床	由工件完成三个方向的进给运动，分别由工作台、滑鞍和升降台来实现
b		加工较大尺寸或较重工件的铣床	与布局 a 相比，改由铣头带着刀具来完成垂直进给运动
c		加工自重大的工件的龙门式铣床	由工作台带着工件完成一个方向的进给运动，其他两个方向的进给运动由多个刀架即铣头部件在立柱与横梁上移动来完成
d		加工更重、尺寸更大工件的铣床	全部进给运动均由立铣头完成

二、数控加工中心机械结构与布局

1. 数控加工中心机械结构

数控加工中心是一种配有刀库并且能自动更换刀具、对工件进行多工序加工的数控机床。典型数控加工中心的机械结构主要由基础部件、主传动系统、进给传动系统、回转工作台、自动换刀装置（包括刀库）及其他机械功能部件等几部分组成。常见的数控加工中心机械结构简图如图 2-4 所示。

（1）基础部件　数控机床的基础部件通常是指床身、立柱、横梁、工作台、底座等结构件，由于其尺寸较大，俗称大件，构成了机床的基本框架。它们主要承受加工中心的静载荷以及在加工时产生的切削载荷，因此，必须具备足够的强度。

这些大件通常是由铸造或焊接而成的结构件，是加工中心中体积和质量最大的基础构件。其他部件附着在基础部件上，有的部件还需要沿着基础部件运动。

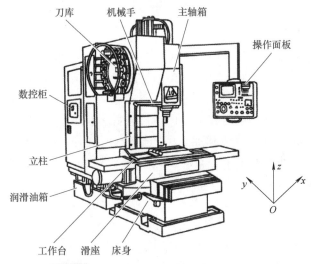

图 2-4　常见的数控加工中心机械结构简图

（2）主传动系统　数控机床的主传动系统会将动力传递给主轴，保证系统具有切削所需要的转矩和速度。由于数控机床具有比传统机床更高的切削性能要求，因而数控机床的主轴部件应具有更高的回转精度、更好的结构刚度和抗振性能。

数控加工中心的主传动常采用大功率的调速电动机，因而主传动链比传统机床短，不需要复杂的机械变速机构。具有自动换刀功能的数控加工中心主轴在内孔中需有刀具自动松开和夹紧装置。

（3）进给传动系统　数控机床的进给驱动机械结构直接接收数控装置发出的控制指令，实现直线或旋转运动的进给和定位，对机床的运行精度和加工质量影响最明显。

因此，对数控机床进给传动系统的主要要求是高精度、稳定性好，有快速响应的能力，即它能尽快地根据控制指令要求，稳定地达到需要的加工速度和位置精度，并尽量少出现振荡和超调现象。

（4）回转工作台　根据工作要求回转工作台分成两种类型，即数控转台和分度转台。数控转台在加工过程中参与切削，是由数控系统控制的一个进给运动坐标轴，因而对它的要求和进给传动系统的要求是一样的。分度转台只完成分度运动，主要要求分度精度指标和在切削力作用下保持位置不变的能力。

（5）自动换刀装置　自动换刀装置（Automatic Tool Changer，ATC）由刀库、机械手等部件组成。当需要换刀时，数控系统发出指令，由机械手（或通过其他方式）将刀具从刀库取出装入主轴孔中。为了在一次安装后能尽可能多地完成同一工件不同部位的加工要求，并尽可能减少数控机床的非故障停机时间，数控加工中心常具有自动换刀装置和自动托盘交换装置。对自动换刀装置的基本要求是结构简单、工作可靠。

（6）其他机械功能部件　辅助装置包括润滑、冷却、排屑、防护、液压、气动和检测系统等部分。由于数控机床是生产率极高并可以长时间实现自动化加工的机床，因而润滑、冷却、排屑问题比传统机床更为突出。大切削量的加工需要强力冷却和及时排屑，冷却不足或排屑不畅会严重影响刀具的使用寿命。这些装置虽然不直接参与切削运动，但对加工中心的加工效率、加工精度和可靠性起着保护作用，因此，也是加工中心不可缺少的部分。

2. 数控加工中心布局

数控加工中心按照形态不同，分为卧式加工中心、立式加工中心、五面加工中心等。

（1）卧式加工中心　卧式加工中心常采用移动式立柱和T形床身结构。T形床身又分为一体式和分离式。

一体式T形床身的特点：刚度和精度保持性较好，但其铸造和加工工艺性差。

分离式T形床身的特点：铸造和加工工艺性较好，但必须在连接部位用大螺栓紧固，以保证其刚度和精度。卧式加工中心布局形式如图2-5所示，常见形式共有6种。移动立柱卧式加工中心的实物如图2-6和图2-7所示。

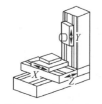
a) 立柱固定，工作台X/Z向移动

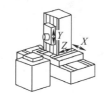
b) 工作台固定，立柱X/Z向移动

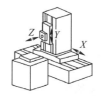
c) 工作台固定，立柱X向移动，主轴Z向移动

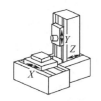
d) 工作台X向移动、立柱Y/Z向移动

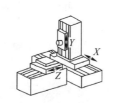
e) 工作台Z向移动，立柱X/Y向移动

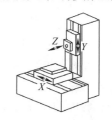
f) 立柱固定，工作台X向移动

图 2-5　卧式加工中心布局形式

图 2-6　移动立柱卧式加工中心（一）

图 2-7　移动立柱卧式加工中心（二）

（2）立式加工中心　立式加工中心布局形式如图2-8所示，立式加工中心通常采用固定立柱式，主轴箱吊在立柱一侧，其平衡重锤放置在立柱中，工作台是十字滑台，可以实现X、Y两个坐标轴方向的移动，主轴箱沿立柱导轨运动实现Z坐标轴方向的移动。实物如图2-9所示。

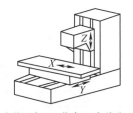 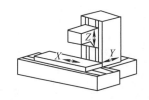 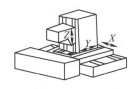

a) 立柱固定，工作台X/Y向移动　　b) 立柱、工作台移动　　c) 工作台固定，立柱X/Y向移动

图 2-8　立式加工中心布局形式

（3）五面加工中心　五面加工中心兼具立式和卧式加工中心的功能，工件一次装夹后能完成除安装面外的所有侧面和顶面等五个面的加工。常见五面加工中心的布局形式如图 2-10 所示。其中，在图 2-10a 所示的布局中，主轴可做 90°旋转，可以按照立式和卧式加工中心两种方式进行切削加工；在图 2-10b 所示的布局中，工作台可以带着工件做 90°旋转，从而完成除装夹面外的五面切削加工。

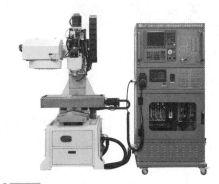 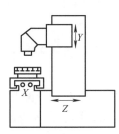 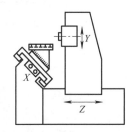

a) 主轴做 90°旋转　　b) 工作台带动工件做 90°旋转

图 2-9　固定立柱式加工中心（YL-59 系列）　　图 2-10　五面加工中心的布局形式

三、智能装备铣削机床（加工中心）机械结构特点

1. 提高静刚度和动刚度

1）机床在静态力作用下所表现的刚度称为机床的静刚度。提高数控机床静刚度，使数控机床各部件产生的弹性变形控制在最小限度内，以保证实现所要求的加工精度与表面质量。提高静刚度的措施主要有以下三种方法：

① 合理选择构件的结构形式。基础大件采用封闭整体箱形结构，如图 2-11 所示。常见立柱的结构形式如图 2-12 所示。

② 合理布置加强筋。图 2-13 所示为加强筋的结构形式。

图 2-11　封闭整体箱形结构

③ 提高部件之间的接触刚度，采取补偿构件变形的结构措施。

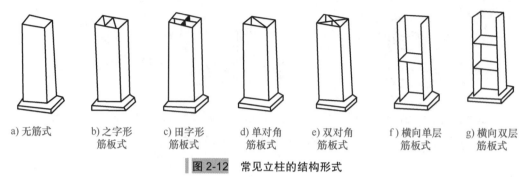

图 2-12 常见立柱的结构形式

a) 无筋式　b) 之字形筋板式　c) 田字形筋板式　d) 单对角筋板式　e) 双对角筋板式　f) 横向单层筋板式　g) 横向双层筋板式

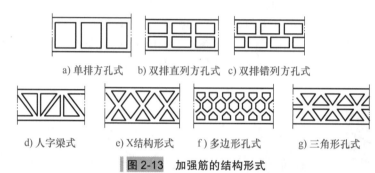

a) 单排方孔式　b) 双排直列方孔式　c) 双排错列方孔式

d) 人字梁式　e) X 结构形式　f) 多边形孔式　g) 三角形孔式

图 2-13 加强筋的结构形式

2）机床在动态力作用下所表现的刚度称为机床的动刚度。要充分发挥数控机床的高效加工性能，稳定切削，就必须在保证静刚度的前提下，提高数控机床的动刚度。

提高动刚度的措施主要是改善机床的阻尼特性，常用的方法有：填充阻尼材料（图 2-14），床身表面喷涂阻尼涂层，充分利用接合面的摩擦阻尼，采用新材料，提高抗振性。图 2-15 所示为人造大理石床身。

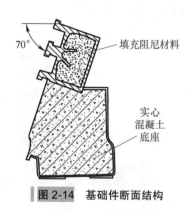

图 2-14 基础件断面结构

图 2-15 人造大理石床身

2. 高抗振性

数控机床的一些运动部件，除应具有高刚度、高灵敏度外，还应具有高抗振性，即在高速重切削情况下减少振动,以保证加工零件的高精度和高的表面质量。切削过程的振动不仅直接影响零件的加工精度和表面质量,还会降低刀具的使用寿命,影响生产率。特别要注意避免切削时的谐振,因此对数控机床的动态特性提出了更高的要求。

3. 高精度、高灵敏度

由于数控机床工作台(或滑板)的位移量是以脉冲当量为最小单位的,一般为 0.001～0.01mm,故要求运动件能实现微量精确位移,以提高运动精度和定位精度,提高低速运动的平稳性。

减小运动件质量,可减小运动件的静、动摩擦力之差;采取低摩擦因数的传动元件,如采用滚动导轨或静压导轨,减小摩擦副之间的摩擦力,避免低速爬行现象,可使加工中心的运动平稳性和定位精度都有所提高;工作台、刀架等部件的移动,由交流或直流伺服电动机驱动,经滚珠丝杠传动,减少了进给系统所需要的驱动转矩,提高了定位精度和运动平稳性。数控机床的运动部件还具有较高的灵敏度。导轨部件通常用滚动导轨、塑料导轨、静压导轨等,以减小摩擦力,使其低速运动时无爬行现象。

4. 热变形小

机床的热变形是影响机床加工精度的重要因素之一。由于数控机床主轴转速、进给速度远高于普通机床,故数控机床大切削用量产生的炽热切屑对工件和机床部件的热传导比普通机床要严重得多,而热变形对加工精度的影响,操作者往往难以修正。同时机床的主轴、工作台、刀架等运动部件在运动中会产生热量,从而产生相应的热变形。为保证部件的运动精度,要求各运动部件的发热量要少,以防产生过大的热变形。为此,要对机床热源进行强制冷却,分为风冷和油冷两种形式,如图 2-16 所示。

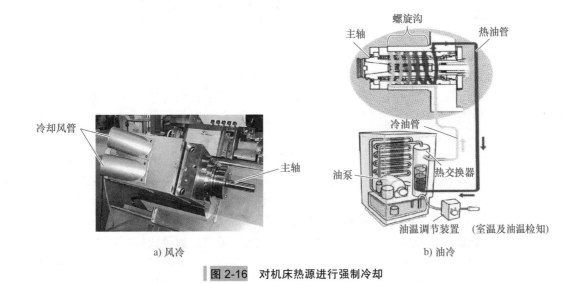

图 2-16 对机床热源进行强制冷却

还可采用热对称结构(图 2-17 所示为热对称结构立柱),并改善主轴轴承、丝杠副、高速运动导轨副的摩擦特性。

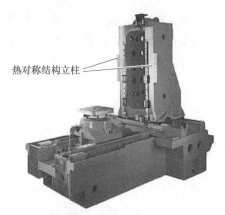

图 2-17　热对称结构立柱

学习任务二　智能装备铣削机床（加工中心）主轴部件

一、智能装备铣削机床（加工中心）主轴部件特点

1. 智能装备铣削机床主轴分类

智能装备铣削机床的主轴为一中空轴，其前端为锥孔，与刀柄相配，在其内部和后端安装有刀具自动夹紧机构，用于刀具装夹。

主轴在结构上要保证良好的冷却润滑性能，尤其是在高转速场合，通常采用循环式润滑系统。对于电主轴而言，往往设有温控系统，且主轴外表面有槽结构，以确保散热冷却。

智能装备铣削机床按主轴位置一般可以分成以下四类：

（1）立式智能装备铣削机床　立式智能装备铣削机床的主轴轴线垂直于水平面，是智能装备铣削机床中常见的一种布局形式，应用范围广泛。从机床数控系统控制的坐标数量来看，目前 2 坐标数控立铣仍占大多数；一般可进行 3 坐标联动加工，但也有部分机床只能进行 3 个坐标中的任意两个坐标联动加工（常称为 2.5 坐标加工）。此外，还有机床主轴可以绕 X、Y、Z 坐标轴中的一个或两个轴做数控摆角运动的 4 坐标和 5 坐标数控立铣。

（2）龙门架移动式智能装备铣削机床　数控龙门铣床主轴可以在龙门架的横向与垂直导轨上运动，龙门架则沿床身做纵向运动。由于要考虑到扩大行程、缩小占地面积等技术上的问题，大型智能装备铣削机床往往采用龙门架移动式。

（3）卧式智能装备铣削机床　卧式智能装备铣削机床与普通卧式铣床相同，其主轴轴线平行于水平面，主要用于加工箱体类零件。为了扩大加工范围和扩充功能，卧式智能装备铣削机床通常采用增加数控转盘来实现 4 坐标和 5 坐标加工。这样，不但工件侧面上的连续回转轮廓可以加工出来，而且可以实现在一次安装中，通过转盘改变工位，进行"四面加工"。

（4）立卧两用智能装备铣削机床　立卧两用智能装备铣削机床的主轴方向可以更换，

能在一台机床上既可以进行立式加工,又可以进行卧式加工,同时具备上述两类机床的功能,其使用范围更广,功能更全,选择加工对象的余地更大,给用户带来不少方便。

立卧两用智能装备铣削机床靠手动或自动两种方式更换主轴方向。有些立卧两用智能装备铣削机床采用可以任意方向转换的数控主轴头,使其可以加工出与水平面呈不同角度的工件表面,还可以在这类铣床的工作台上增设数控转盘,以实现对零件的"五面加工"。

2. 智能装备铣削机床主轴部件结构特点

1) 同智能装备车削机床一样,智能装备铣削机床主轴的中心是空心。
2) 主轴的前面部分是一个比例为 7:24 的锥形孔洞,并且在端面上设有一对专门的主轴转矩检测装置将主轴转矩数据传输给铣刀。
3) 主轴的后面部分设有液压缸装置用于放松铣刀。
4) 主轴中间的空心部分用于弹簧的安装以及铣刀固定刀爪的安装等。
5) 主轴的传动装置主要是齿轮传动,而且是变速传动。
6) 结构与智能装备车削机床相似,驱动器用于连接电动机,驱动智能装备铣削机床的运转;光电脉冲编码器,用于测量主轴的转动速度,并及时反馈信息至数控系统;液压缸的主要作用是通过调整液压来控制回路。

3. 数控加工中心主轴部件结构特点

数控加工中心主轴部件的大致结构与智能装备铣削机床相类似,唯一不同的地方在于加工中心自带刀库和自动换刀的装置,自动化程度相对较高,在控制结构上与数控铣刀会有所不同,具体表现在:

1) 主轴多出一个停转精度控制装置,主要作用是严格控制好主轴停止的位置,便于自动换刀装置进行精准、有效率的换刀。
2) 刀库配送刀具的系统与数控系统联系在一起,使得刀库配送出的刀具能及时被数控装置调用到数控机床,完成自动换刀工作。

二、典型铣床(加工中心)主轴部件结构

加工中心主轴主要由四个功能部件构成,分别是主轴、切屑清除装置、刀具自动夹紧机构和卸荷装置。

1. 主轴

以 VMC-1580 型立式加工中心主轴为例,其主轴结构由钢球、拉杆、套筒、主轴和碟形弹簧等元件组成,如图 2-18 所示。

其工作原理如图 2-19 所示,刀柄采用 7:24 的锥柄与主轴锥孔配合,既有利于定心,也为松夹带来了方便,标准拉钉 5 拧紧在刀柄上。松开刀具时,液压油进入液压缸活塞 1 的右端,弹力卡爪 9 使活塞左移。推动拉杆 2 左移,同时碟形弹簧 3 被压缩,钢球 4 随拉杆一起左移,当钢球 4 移至主轴孔径较大处时,便松开拉钉。机械手即可把刀柄连同标准拉钉 5 从主轴推孔中取出。夹紧刀具时,活塞 1 右端无油压,碟形弹簧 3 使活塞 1 退到最右端,拉杆 2 在碟形弹簧 3 的弹簧力作用下向右移动。钢球 4 被收拢,卡紧在拉杆 2 的环槽中。这样,拉杆 2 通过钢球 4

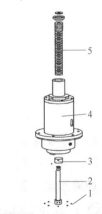

图 2-18 VMC-1580 型立式加工中心的主轴结构

1—钢球 2—拉杆 3—套筒
4—主轴 5—碟形弹簧

把拉钉向右拉动,使刀柄外锥面与主轴锥孔内锥面相互压紧,刀具随刀柄一起被夹紧在主轴 6 上。

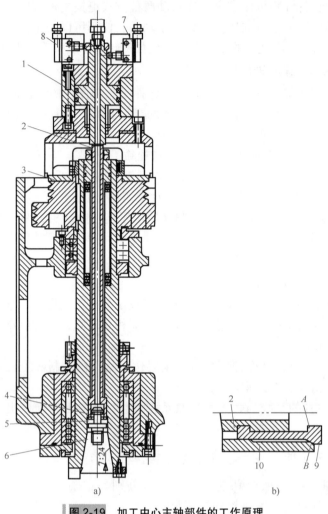

图 2-19 加工中心主轴部件的工作原理

1—活塞 2—拉杆 3—碟形弹簧 4—钢球 5—标准拉钉
6—主轴 7、8—行程开关 9—弹力卡爪 10—卡套

行程开关 7 和 8 用于发出夹紧和放松刀柄的信号,刀具夹紧机构使用碟形弹簧夹紧、液压放松,可保证在工作中,如果突然停电刀柄不会自行脱落。

2. 切屑清除装置

能否自动清除主轴孔中的切屑和灰尘是换刀操作中的一个不容忽视的问题。为了保持主轴锥孔清洁,常采用压缩空气吹屑。图 2-19a 所示活塞 1 的心部有压缩空气通道,当活塞向左移动时,压缩空气经过活塞由主轴孔内的空气嘴喷出,将锥孔清理干净,为了提高吹屑效率,喷气小孔要有合理的喷射角度,并均匀分布。

用钢球 4 拉紧标准拉钉 5,这种拉紧方式的缺点是接触应力太大,易将主轴孔和拉钉表面压出坑来。新式的刀杆已改用弹力卡爪 9,它由两瓣组成,装在拉杆 2 的左端,如

图 2-19b 所示。卡套 10 与主轴固定在一起,卡紧刀具时拉杆 2 带动弹力卡爪 9 上移,下端的外周是锥面 B,与卡套 10 的锥孔配合,锥面 B 使弹力卡爪 9 收拢,夹紧刀杆。松开刀具时,拉杆 2 带动弹力卡爪 9 下移,锥面 B 使弹力卡爪 9 松开,使刀杆可以从弹力卡爪 9 中退出。这种卡爪与刀杆的接合面不与拉力垂直,故夹紧力较大;卡爪与刀杆为面接触,接触应力较小,不易压伤刀杆。目前,采用这种刀杆拉紧机构的加工中心机床主轴机构逐渐增多。

3. 刀具自动夹紧机构

常用的刀杆尾部的拉紧机构如图 2-20 所示。图 2-20a 所示为弹簧夹头结构,它有拉力放大作用,可用较小的液压推力产生较大的拉紧力;图 2-20b 所示为钢球拉紧结构。

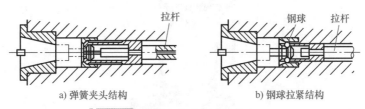

a) 弹簧夹头结构　　　b) 钢球拉紧结构

图 2-20　常用的刀杆尾部的拉紧机构

4. 卸荷装置

图 2-21 所示为一种卸荷装置,液压缸 6 与连接座 3 固定在一起,连接座 3 由螺钉 5 通过弹簧压紧在箱体 2 的端面上,连接座 3 与箱孔为滑动配合。当液压缸 6 的右端通入高压油使活塞杆 7 向左推压拉杆 8 并压缩碟形弹簧时,液压缸 6 的右端面也同时承受相同的液压力。此时,整个液压缸 6 连同连接座 3、压缩弹簧 4 整体向右移动,使连接座 3 上的垫圈 10 的右端面与主轴上的螺母 1 的左端面压紧。因此,松开刀柄时对碟形弹簧的液压力就成了在活塞杆 7、液压缸 6、连接座 3、垫圈 10、螺母 1、碟形弹簧、套环 9、拉杆 8 之间的内力,因而使主轴支承不致承受液压推力。

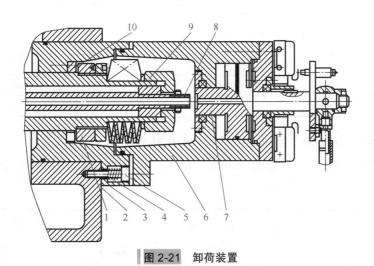

图 2-21　卸荷装置

1—螺母　2—箱体　3—连接座　4—压缩弹簧　5—螺钉
6—液压缸　7—活塞杆　8—拉杆　9—套环　10—垫圈

工作任务三　加工中心机械主轴装配与调试

1. 加工中心机械主轴

YL-1506B 型加工中心机械主轴外形如图 2-22 所示。

图 2-22　YL-1506B 型加工中心机械主轴外形

其参数规格见表 2-2。

表 2-2　YL-1506B 型加工中心机械主轴的参数规格

参数	规格	
转速	8000r/min	
轴管外径	ϕ90mm	
刀柄型式	BT30	
拉爪型式	45°	
项目	标准值	实测值
内孔偏摆精度	≤12μm	6μm
主轴拉刀力	3kN（1±10%）	2.9kN

2. 加工中心机械主轴零部件具体名称和外形结构

YL-1506B 型加工中心机械主轴由多个零部件组成，具体名称和外形结构见表 2-3。

表 2-3　主轴零部件具体名称和外形结构

名称	主轴	迷宫隔环外环	迷宫隔环内环	角接触球轴承 7012C（2 个）
外形				

（续）

名称	轴承隔套内环（2个）	轴承隔套外环	前轴承螺母	后轴承挡板
外形			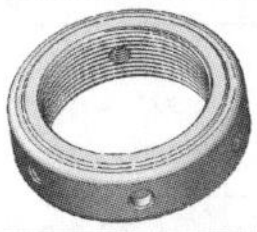	
名称	角接触球轴承7010C（2个）	主轴套筒	主轴套筒压环	键（2个）
外形			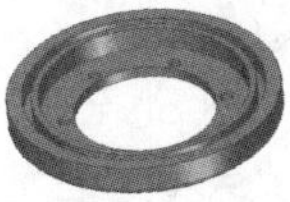	
名称	带轮	预紧螺母	定位键	拉杆单元
外形	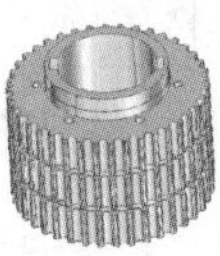			
名称	拉刀爪	主轴前端盖	防水环	
外形		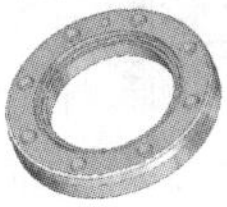		

3. 加工中心机械主轴装配图

YL-1506B型加工中心机械主轴装配图如图2-23所示。

4. 拆装工具及准备材料

YL-1506B型加工中心机械主轴装配工具及准备材料清单见表2-4。

表2-4 装配工具及准备材料清单

序号	名称	规格	单位	数量
1	橡胶锤		把	1
2	纯铜棒		根	1
3	内六角扳手	BM-C9（球头加长镀铬）	套	1
4	呆扳手	19～22mm	把	1
5	钩形扳手	68～72mm	把	1
6	钩形扳手	78～85mm	把	1
7	零件盒		个	1
8	抹布			若干
9	煤油			若干
10	润滑油			若干

5. 加工中心机械主轴装配工艺

YL-1506B型加工中心机械主轴装配工艺见表2-5。

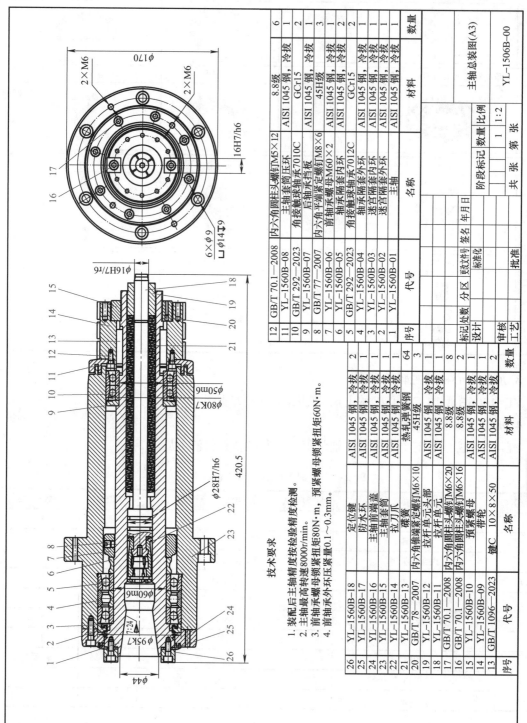

图 2-23 YL-1506B 型加工中心机械主轴装配图

项目二 智能装备铣削机床（加工中心）机械部件装配与调整

表2-5 YL-1506B型加工中心机械主轴装配工艺

产品名称	机械主轴	装配部件代号	1506B-00	共9页
产品型号	YL-1506B	装配部件名称	主轴	第1页
工序号	单位名称	工序内容	辅助材料	工序过程示意
一		主轴装配前准备		装配使用工具
1		主轴组件中各零件均需要清洗干净，尤其与轴承接触面需蘸乙醇擦拭，并检验无污迹	乙醇、清洗剂	
2		检查零件定位面无疤痕、划伤、锈斑，并重点检查接触台阶面与轴承配合外圆面	抹布	
3		检查各锐边倒角无毛刺，保证装配时用手触摸光滑顺畅无棱角	锉刀、砂纸、油石	
4		检查紧固螺纹孔的残屑、深度，并用丝锥去除残屑，吹净	丝锥	
5		清除零件的零件摆放在无灰尘的干净油纸或布上，清洗过目暂时不用的零件需加上防尘盖	油纸	
6		零件摆放区应与装配区域保持800mm以上的距离		
7		轴承清洗处理		
(1)		轴承清洗液用两个容器分别盛装，一个为清洗用，另一个为清涮轴承用		
(2)		在初洗轴承过程中，不允许轴承放在涮洗池中相对转动，可在液体中上下左右晃动		
(3)		清洗完成后将轴承放在清涮池中，边涮边转动轴承内外环		
(4)		清洗过程中不得将轴承放入池底，洗完必须将轴承离池		
(5)		清洗完轴承在离开涮洗池后甩去轴承上的液珠，并转动轴承后重复此操作		
(6)		放干净处，进行喷干，用油纸或擦纸遮盖，为缩短喷干时间，可用电吹风吹干，严禁使用空气压缩机风管吹轴承		

(续)

产品名称	机械主轴		装配部件代号	1506B-00	共 9 页
产品型号	YL-1506B		装配部件名称	主轴	第 2 页
工序号	工序内容	单位名称	辅助材料	工序过程示意	装配使用工具
二	主轴配合零件同精度检测和零件检查				
1	角接触球轴承（7010C，7012C）与主轴分别试装				
2	检验平台测量前用抹布擦拭干净，将配合件放在检验平台上，检测各项精度		检验平台、抹布		
	检验前/后轴承（7010C/7012C）的等高度，要求误差≤0.002mm，内外环逐一检测		杠杆千分表、磁性表座		
3	带轮平衡螺钉（M6×10）用天平称重后分组，各组质量差≤0.2g				
4	反扣盘上紧固螺钉（M5×12）用天平称重后分组，各组质量差≤0.2g				
5	主轴前端盖键槽螺钉（M5×12）用天平称重后分组				
6	带轮涨紧固定螺钉用天平称重后分组，各组质量差≤0.2g				
7	向主轴轴承注入润滑脂				
（1）	注润滑脂前保证轴承已晾干，清洗过的注射器留有规定容量，使注射器空气排除后装入润滑脂，然后推压排除空气使注射器内装入润滑脂 3.6mL，前轴承 2.6mL，后轴承是				
（2）	对轴承每个滚动体进行均匀注入，并且两面分配				

项目二 智能装备铣削机床（加工中心）机械部件装配与调整

（续）

产品名称	机械主轴	装配部件代号	1506B-00	共9页
产品型号	YL-1506B	装配部件名称	主轴	第3页
工序号	工序内容	辅助材料	工序过程示意	
8	主轴前轴承装配相关数据测量		装配使用工具	
（1）	用游标深度卡尺测量主轴套筒端面到主轴套隔台的距离数值 K_1	游标深度卡尺 		
（2）	清洗后的轴承，一起加放置，具体叠加放置方式如右图所示，分别为角接触轴承（7012C）、轴承套内环、球轴承（7012C）、迷宫隔环内外环，测量叠加高度数值为 K_2	游标深度卡尺 		
（3）	测量主轴前端盖凹窗深度数值为 H（在相互垂直的两组位置各测量一次，所得值进行加权计算平均值）	游标深度卡尺 		
（4）	出厂安装按 $K=K_2-K_1+0.2mm$ 与 H 值的偏差结果修配调整主轴前端盖			

95

（续）

产品名称	机械主轴	单位名称		装配部件代号	1506B-00	共9页
产品型号	YL-1506B			装配部件名称	主轴	第4页
工序号	工序内容		辅助材料	工序过程示意		
（4）	测量各数值时，保证工件干净，无污渍。等高台在测量前用乙醇擦拭纸擦拭干净					
三	主轴部件装配					
1	主轴前端面朝下竖立在工作台上					
2	放入迷宫隔环外环，要求迷宫隔环外环环形槽朝上装入主轴					
3	放入迷宫隔环内环，要求迷宫隔环内环环形槽朝下装入主轴					
4	将角接触球轴承（7012C）放置在主轴迷宫隔环内环上，要求轴承外圈宽端面一侧朝上装入主轴 备注：为了教学拆卸方便，轴承不用加热处理，常温状态下可直接安装，轴承组合方式是DB（背对背）					
5	将轴承隔套内环装入主轴，再放置轴承隔套外环，将第二个角接触球轴承（7012C）外圈宽端面一侧朝下装入主轴					
6	将另一个轴承隔套内环装入主轴					

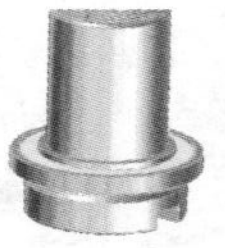

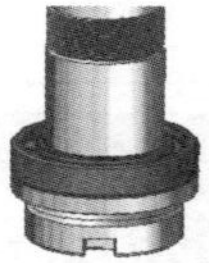

产品名称	机械主轴	装配部件代号	1506B-00	共 9 页
产品型号	YL-1506B	装配部件名称	主轴	第 5 页
工序号	工序内容	辅助材料	工序过程示意	
7	将前轴承螺母（M60×2）装入主轴，要求锁紧力矩为80N·m。使用钩形扳手紧固前轴前轴承固螺母，再使用4mm内六角扳手将其三颗M8×6螺钉紧固	4mm内六角扳手、钩形扳手 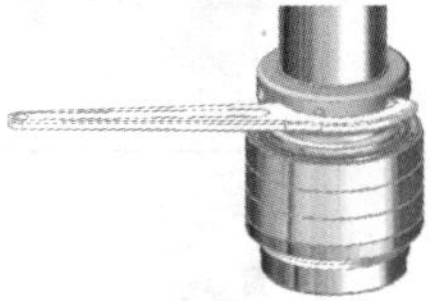		
8	用磁性表座吸在主轴上，表头接触角接触球轴承（7012C）外环，旋转测量并调整外圆与主轴同心度，误差≤0.05mm	磁性表座、杠杆千分表 		
9	用磁性表座吸在后角接触球轴承轴颈上，表头接触主轴，检验其径向圆跳动，误差≤0.04mm即可	磁性表座、杠杆千分表 		

(续)

产品名称	机械主轴	单位名称		装配部件代号	1506B-00	共 9 页
产品型号	YL-1506B			装配部件名称	主轴	第 6 页
工序号	工序内容		辅助材料	工序过程示意		
10	用磁性表座吸在主轴上,磁性表座不动,让表头接触在角接触球轴承外环端面,转动外环,检查轴向圆跳动,误差≤0.02mm		磁性表座、杠杆千分表			
11	第 "9" 工序和第 "10" 工序检验,若圆跳动超差,可通过调整前轴承螺母(M60×2)上 3 个螺钉或轻敲螺母对应方向达到要求为止					
12	装入后轴承挡板(凸面朝上)					
13	装入角接触球轴承(7010C),组合方式为 DB(背对背),放置在后轴承挡板上					

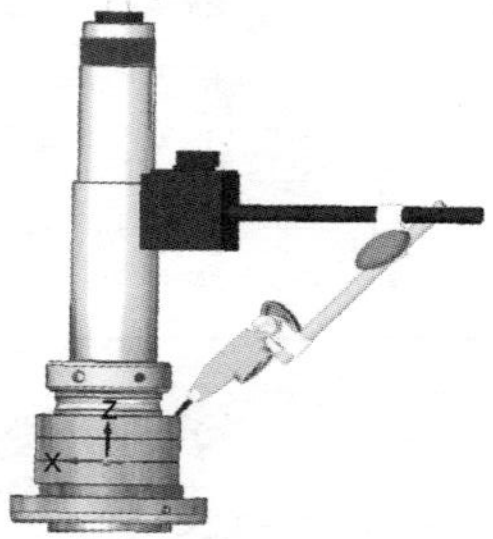

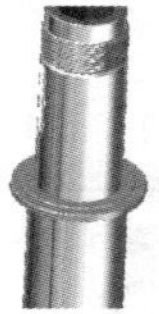

(续)

产品名称	机械主轴	单位名称		装配部件代号	1506B-00	共 9 页
产品型号	YL-1506B			装配部件名称	主轴	第 7 页
工序号	工序内容	辅助材料	工序过程示意			
14	将套筒套入主轴					
15	使用 M5×12 螺钉组装好主轴套筒压环与带轮					
16	安装键 C 10×8×50					

产品名称	机械主轴	单位名称		装配部件代号	1506B-00	共 9 页
产品型号	YL-1506B			装配部件名称	主轴	第 8 页 (续)
工序号	工序内容		辅助材料		工序过程示意	
17	将组装好的主轴套筒压环与带轮装入主轴				 	
18	将预紧螺母安装在主轴上,要求锁紧力矩为 60N·m,使用可调式圆螺母扳手将其安装到位,并调整预紧螺母上的三颗螺钉 M6×10		可调式圆螺母扳手、3mm 内六角扳手			
19	安装主轴前端盖及防水环,并用 8 颗内六角圆柱头螺钉 M6×20 锁紧。计算所得前轴承外环压紧量 A 须在技术要求公差范围内,其中 $A=K_2-K_1-H$					
20	安装定位键,并用两颗内六角圆柱头螺钉 M6×16 锁紧					

（续）

产品名称	机械主轴	单位名称		装配部件代号	1506B-00	共9页
产品型号	YL-1506B			装配部件名称	主轴	第2页
工序号	工序内容		辅助材料	工序过程示意		第9页
四	检测主轴部件精度					
	将主轴放置在检测台，检测主轴圆跳动，要求圆跳动误差≤0.01mm		磁性表座、杠杆千分表			
五	主轴维护					
1	检查主轴部件外露表面有无损伤、划痕，修饰去除为止					
2	主轴外露部分涂抹防锈油，要求均匀一致，不得有遗漏		防锈油			
3	填写检查报告，包装入库					

工作任务四　数控加工中心刀库装配与调试

智能装备铣削机床是在普通铣床的基础上发展起来的一种自动加工设备，分为不带刀库和带刀库两大类，加工中心即为带有刀库的智能装备铣削机床。根据刀库的容量、外形和取刀方式可分为斗笠式刀库、圆盘式刀库和链条式刀库。斗笠式刀库结构简单，可提供可靠快速的刀具交换方式，使用成本低廉，操作较方便，在加工中心中应用广泛。

一、斗笠式刀库

1. 斗笠式刀库的组成

斗笠式刀库由于其形状像斗笠而得名，一般只能存 16～24 把刀具。YL-551DL 型加工中心斗笠式刀库实训设备如图 2-24 所示。

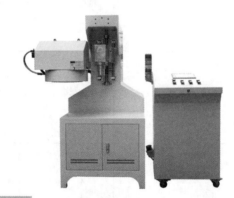

图 2-24　YL-551DL 型加工中心斗笠式刀库实训设备

斗笠式刀库主要由刀盘、刀夹、刀库左右移动气缸、刀库导轨、刀库电动机、刀库前后限位开关和刀库计数开关组成，如图 2-25 所示。

图 2-25　斗笠式刀库结构示意图

2. 斗笠式刀库换刀过程

斗笠式刀库换刀时整个刀库向主轴移动，当主轴上的刀具进入刀库卡槽时，主轴向上移动脱离刀具，这就是刀库转动。当要换的刀具对正主轴正下方时，主轴下移，使刀具插入主轴锥孔内，夹紧刀具后，刀库退回原来的位置。

对于斗笠式刀库，采用固定刀位管理，即刀库中每个刀套存放一把固定的刀具。当加工过程中使用宏程序检测到 M06 换刀指令脉冲信号和 T 换刀指令脉冲信号时，将主轴上的刀具还回到对应的刀套中，之后刀库旋转到要交换的刀套位置并抓刀。斗笠式刀库换刀流程如图 2-26 所示。

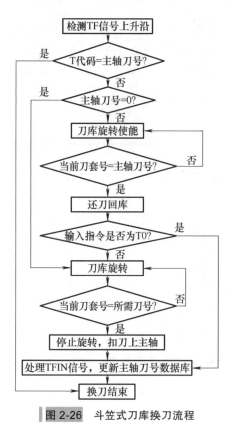

图 2-26　斗笠式刀库换刀流程

二、工具及准备材料

斗笠式刀库拆装工具及准备材料清单见表 2-6。

表 2-6　工具及准备材料清单

序号	名称	规格	单位	数量
1	橡胶锤		把	1
2	纯铜棒		根	1
3	卡簧钳		把	1
4	十字槽螺钉旋具		把	1
5	一字槽螺钉旋具		把	1
6	内六角扳手	BM-C9（球头加长镀铬）	套	1

(续)

序号	名称	规格	单位	数量
7	呆扳手	16～17mm	把	1
8	呆扳手	19～22mm	把	1
9	钩形扳手	22～26mm	把	1
10	活扳手		把	1
11	零件盒		个	1
12	抹布			若干
13	煤油			若干
14	润滑油			若干

三、斗笠式刀库装配任务实施

1. 注意事项

1）保护所有轴承外包装直至装配开始。
2）在轴承装配好后要防止受污。
3）对轴承、连接件进行检查。
4）对轴、销、传动部件要上润滑脂。
5）在装配开始前，保证所有零部件无明显损坏。
6）编码器轻拿轻放，不受损坏。

注意： 可使用 YL-SWS36D 型斗笠式刀库装调仿真软件进行虚拟装调。

2. 刀盘模块装配

1）将 1 个 6015 深沟球轴承装入刀盘心轴轴肩处。
2）将刀盘心轴装入刀盘内孔中。
3）翻转刀盘，将 1 个 6015 深沟球轴承装入刀盘心轴另一端，并进入刀盘内孔，如图 2-27 所示。
4）将圆螺母和止动垫圈放入刀盘心轴。
5）将圆螺母旋入刀盘心轴。

注意： 将圆螺母用止动垫圈的齿压弯卡入圆螺母凹槽中，防止刀库工作时圆螺母松动。

6）将刀盘心轴盖板盖在刀盘心轴上，用 4 个 M5×10 内六角圆柱头螺钉固定，如图 2-28 所示。
7）将刀爪各用 2 个 M5×25 内六角圆柱头螺钉固定在号码盘上，如图 2-29 所示。

注意： 刀盘与刀爪平行度误差在 0.1mm 以内。

8）将滑座与转接座使用 5 个 M8×25 内六角圆柱头螺钉连接，如图 2-30 所示。

图 2-27　将 6015 深沟球轴承装入刀盘内孔

图 2-28　固定刀盘心轴盖板

图 2-29　固定刀爪

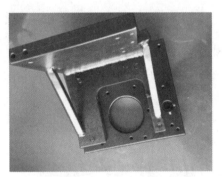

图 2-30　连接滑座与转接座

9）将转接座与刀盘护罩使用 3 个 M5×10 内六角圆柱头螺钉连接，如图 2-31 所示。

10）活动门上放入 1 个薄垫片和 1 个厚垫片，再装入轴承，如图 2-32 所示。

图 2-31　连接转接座与刀盘护罩

图 2-32　活动门上装入轴承

11）将活动门与刀盘护罩中心孔对齐；在活动门与刀盘护罩之间放入活动门垫块（扇形，较薄），如图 2-33 所示。

12）在活动门垫块不与活动门连接的 2 个孔上各放入 1 个厚垫片；将活动门压块放在活动门上（扇形，较厚）；将活动门垫块上有厚垫片的 2 个孔与转接座、刀盘护罩、活动门压块上的孔对齐，使用 2 个 M5×20 内六角平头螺钉连接固定，如图 2-34 所示。

图 2-33 活动门垫块

图 2-34 连接活动门垫块（一）

13）将另外 1 个孔与转接座、刀盘护罩、活动门压块、活动门上的孔对齐，使用 1 个 M5×20 内六角平头螺钉连接固定，如图 2-35 所示。

> **注意**：活动门松紧程度由该螺钉决定，可适当调整螺钉的松紧度，保证活动门转动无障碍。

14）将刀盘护罩上转接头的沉头孔与刀盘心轴上的螺纹孔对齐并装入，将其与刀盘心轴配合。

15）使用 1 个 M12×30 内六角圆柱头螺钉穿过连接座沉头孔旋入刀盘心轴螺纹孔中，如图 2-36 所示。

> **注意**：刀盘护罩上的连接座与刀盘心轴连接后，要检查是否牢固，刀盘旋转是否顺畅，可用手轻轻转动来调试。

图 2-35 连接活动门垫块（二）

图 2-36 连接刀盘心轴与连接座

3. 驱动模块装配

1）将原点接近开关放入原点接近开关座中，各使用 1 个内齿止动垫片和 1 个螺母进行固定（**注意**：原点接近开关固定之前需要先与刀盘上的零点位置相对应，在调整距离后方可拧紧，距离为 0.5～1.5mm）；将原点接近开关信号线从刀盘护罩的圆孔中穿过；将原点接近开关座使用 1 个 M5×15 内六角圆头螺钉固定在刀盘护罩上，如图 2-37 所示。

2）将刀库电动机与减速器用 4 个 M6 外六角螺钉配合 M6 螺母和垫片连接固定，如图 2-38 所示。

图 2-37　固定原点接近开关座

图 2-38　连接刀库电动机与减速器

3）将驱动心轴穿过减速器座，并敲入 6004 深沟球轴承与减速器座配合；在驱动心轴键槽上放入 A 型平键 5×5×24，如图 2-39 所示。

4）将心轴穿过减速器；将减速器座与减速器用 4 个 M6×20 内六角圆柱头螺钉连接固定，如图 2-40 所示。

图 2-39　在驱动心轴键槽上放入平键

图 2-40　固定减速器座与减速器

5）将垫环穿过驱动心轴放在减速器上；将计数接近开关座使用 1 个 M6×5 内六角平头螺钉固定在减速器上；将感应块穿过驱动心轴放在垫环上；将计数接近开关穿过计数接近开关座，两端各使用 1 个 M12 螺母和 1 个内齿止动垫圈固定，如图 2-41 所示。

注意： 计数接近开关固定之前需要先调整感应距离，距离范围为 0.5～1.5mm。

6）将圆螺母用止动垫圈穿过驱动心轴，并把内齿压弯卡入驱动心轴槽内；将圆螺母旋入驱动心轴螺纹中，将感应块、垫环、垫圈压紧，如图 2-42 所示。

7）将减速器座上的驱动心轴圆头端的 2 个轴承穿过连接座与刀盘的齿槽啮合。

注意： 若不能准确啮合，可旋转刀盘护罩与转动刀盘，以便啮合。

 图 2-41 安装计数接近开关
 图 2-42 压紧感应块等组件

4. 气动部分装配

1）将气缸一端穿过气缸座，使用 4 个 M6×25 内六角圆柱头螺钉固定在气缸座上；将气缸座使用 2 个 M6×25 内六角圆柱头螺钉加垫片、弹性垫圈固定在滑座上，如图 2-43 所示。

2）用 4 个 M4×10 紧定螺钉将 2 个磁环开关固定在气缸导轨的两端，如图 2-44 所示。

 图 2-43 固定气缸一端
 图 2-44 安装磁环开关

3）将 2 个直线座各使用 4 个 M6 螺栓固定在滑座上；将 2 根导轨轴分别穿过 2 个直线座，直线座内部各有 2 个滑动直线轴承，如图 2-45 所示。

4）将气缸另一端穿过 2 个垫片，再穿过气缸导轨固定座，用 1 个 M12 螺母、厚垫片将其固定在气缸导轨固定座上，如图 2-46 所示。

 图 2-45 安装直线座
 图 2-46 固定气缸另一端

5）将 1 根导轨轴两端分别穿进气缸导轨固定座与导轨轴固定座中，将导轨轴缺口朝向气缸导轨固定座与导轨轴固定座的螺纹孔，各用 1 个 M5×12 紧定螺钉将导轨轴固定，如图 2-47 所示。

6）将另外 1 根导轨轴的两端分别穿过 2 个导轨轴固定座，导轨轴的缺口处朝向导轨轴固定座的螺纹孔，两边各使用 1 个 M5×12 紧固螺钉将导轨轴固定，如图 2-48 所示。

图 2-47 固定第一根导轨轴

图 2-48 固定第二根导轨轴

7）在曲线板上垫 2 个垫块，使用 2 个 M6×20 外六角螺钉将垫块固定在转接板上；将活动门轴承装入曲线板中，如图 2-49 所示。

8）将 1 个气缸导轨固定座和 3 个导轨轴固定座使用 8 个 M8×25 内六角圆柱头螺钉加弹性垫圈固定在转接板上，如图 2-50 所示。

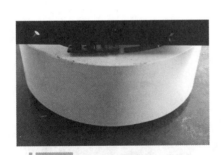

图 2-49 活动门轴承装入曲线板

图 2-50 将导轨轴固定座等安装到转接板上

5. 电气部分装配

1）将磁环开关、计数接近开关、原点接近开关、刀库电动机上的电源线和信号线整理好，穿过波纹管，再穿过托链，如图 2-51 所示。

2）将托链一端使用 1 个 M5×8 内六角圆头螺钉固定在托链座上；将托链座使用 2 个 M5×10 内六角圆柱头螺钉加垫片固定在滑座上，如图 2-52 所示。

图 2-51 整理刀库导线

图 2-52 在滑座上固定托链座一端

3）将托链另一端使用 M5×8 内六角圆头螺钉固定在托链座上；将托链座用 2 个 M5×10 内六角圆柱头螺钉固定在转接板上，如图 2-53 所示。

4）将电器盒使用 2 个 M5×10 内六角圆柱头螺钉固定在转接板上；将波纹管中的信号线、电源线按照电器盒盖中的连接图连接在端子排上，如图 2-54 所示。

图 2-53 在转接板上固定托链座另一端

图 2-54 连接端子排

5）将电器盒盖用 4 个 M4×25 平头十字槽螺钉固定在电器盒上，如图 2-55 所示。

6. 刀库外壳安装

1）将护罩盖装在刀库上，使用 4 个 M5×9 内六角圆柱头螺钉固定在转接板上，如图 2-56 所示。

图 2-55 安装电器盒盖

图 2-56 安装护罩盖

2）将 2 个垫片分别穿过 2 个吊环，并将吊环旋进护罩和转接板上 2 个螺纹孔内，如图 2-57 所示。

图 2-57　安装吊环

工作任务五　智能装备铣削机床（加工中心）滑台的装配与调试

智能装备铣削机床（加工中心）滑台一般安装在机床床身上，用于纵、横方向两个坐标的传动。数控滑台的机械结构主要包括交流伺服电动机、联轴器、滚珠丝杠、轴承、导轨、滑鞍等零部件。所采用的机械结构具有如下特点：进给系统采用进给伺服电动机直接带动滚珠丝杠，取消了齿轮减速机构，使机械传动结构简单，提高了位移精度，减少了传动误差；轴承采用深沟球轴承，它主要承受径向载荷，也能承受一定的双向轴向载荷，高转速时，可用来承受纯轴向载荷，机床整体结构刚度较高，运动控制及传动平稳。

一、机床滑台的保养

1. 导轨的润滑

导轨润滑的目的是减少摩擦阻力和摩擦磨损，避免低速爬行和降低高温时的温升。因此导轨的润滑很重要。对于滑动导轨，采用润滑油润滑；而对滚动导轨，则采用润滑油或者润滑脂润滑均可。

2. 滚珠丝杠副的润滑

滚珠丝杠副可用润滑脂和润滑油润滑。润滑脂一般加在螺纹滚道和安装螺母的壳体空间内，而润滑油则经过壳体上的油孔注入螺母的空间内。

工作人员应每半年更换一次滚珠丝杠上的润滑脂，清洗丝杠上的旧润滑脂，涂上新的润滑脂。用润滑油润滑的滚珠丝杠副，可在机床每次工作前加一次油。

二、工具及准备材料

数控机床滑台装配工具及材料清单见表 2-7。

表 2-7　数控机床滑台装配工具及准备材料清单

序号	名称	规格	单位	数量
1	毛刷	1.5in（38.1mm）	把	1
2	内六角扳手	BM-C9（球头加长镀铬）	套	1
3	力矩扳手		把	1
4	力矩批头	4mm	支	1
5	大理石平尺	700mm	把	1
6	大理石方尺	300mm×300mm	把	1
7	磁性表座		个	1
8	百分表	0～10mm	个	1
9	杠杆百分表	0～0.8mm	把	1
10	T形检测块		块	1
11	找表弯板		块	1
12	大理石等高块	20mm×20mm	块	2
13	大理石等高块	40mm×40mm	块	2
14	纯铜棒		根	1
15	M4 螺钉	M4mm×50mm	只	1
16	M5 螺钉	M4mm×50mm	只	1
17	拔销器		只	1
18	钩形扳手	22～26mm	把	1
19	卡簧钳		把	1
20	丝杠摇杆		个	1
21	小钢球	ϕ6mm	粒	1
22	橡胶锤		把	1
23	零件盒		个	1
24	抹布			若干
25	煤油/汽油			若干
26	润滑油			若干

三、X轴滑台装配与精度检测

1. 导轨安装前的准备与检查

1)使用棉布擦拭基准导轨和从动导轨的安装面、挡肩、电动机座基面、支承座基面,如图2-58所示。

2)使用棉布擦拭20mm×20mm大理石等高块的研磨面,将等高块的研磨面放在从动导轨安装面上(×表示没有研磨),如图2-59所示。

图2-58 擦拭装配面

图2-59 擦拭等高块研磨面并放置

3)使用棉布擦拭大理石平尺,将大理石平尺放在20mm×20mm大理石等高块的研磨面上,如图2-60所示。

4)使用棉布擦拭T形检测块,将T形检测块放置在基准导轨基面上,如图2-61所示。

图2-60 擦拭大理石平尺并放置

图2-61 擦拭T形检测块并放置

5)将磁性表座吸在T形检测块上,如图2-62所示。

6)调整杠杆百分表的表头,触及大理石平尺的上面(杠杆百分表的指针停在半圈左右),如图2-63所示。

图2-62 将磁性表座吸在T形检测块上

图2-63 调整杠杆百分表的表头

7)使用塞尺或铜片,将大理石平尺的两端用杠杆百分表对零,如图2-64所示。

8)在不影响测量精度的情况下,用手移动T形检测块,进行导轨安装面的直线度检查,测量全长并记录实测值,如图2-65所示。

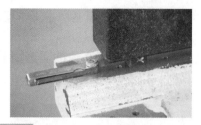

图2-64 用塞尺和百分表将大理石平尺对零

图2-65 进行导轨安装面的直线度检查

9)将T形检测块贴紧基准导轨安装面挡肩,如图2-66所示。

10)调整杠杆百分表的表头,触及大理石平尺的侧面(杠杆百分表的指针停在半圈左右),如图2-67所示。

图2-66 将T形检测块贴紧基准导轨安装面挡肩

图2-67 将杠杆百分表的表头触及在大理石平尺的侧面

11)使用橡胶锤,将大理石平尺的两端用杠杆百分表对零,如图2-68所示。

12)在不影响测量精度的情况下,用手移动T形检测块,进行导轨安装面挡肩的直线度检查,测量全长并记录实测值,如图2-69所示。

图2-68 将大理石平尺的两端用杠杆百分表对零

图2-69 导轨安装面挡肩的直线度检查

13)将磁性表座、T形检测块、大理石平尺、大理石等高块取下,如图2-70所示。

14)擦拭等高块和基准导轨安装面,将等高块的研磨面放在基准导轨安装面上(×表示没有研磨),如图2-71所示。

15)擦拭大理石平尺,并将大理石平尺放在20mm×20mm大理石等高块的研磨面上,如图2-72所示。

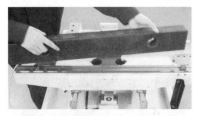

图 2-70 去除从动导轨安装面检测工具

图 2-71 擦拭等高块研磨面并放置

16）将磁性表座和 T 形检测块放置在从动导轨基面上，如图 2-73 所示。

图 2-72 擦拭大理石平尺并放置

图 2-73 放置 T 形检测块和磁性表座

17）调整杠杆百分表的表头，触及大理石平尺的上面（杠杆百分表的指针停在半圈左右），如图 2-74 所示。

18）使用塞尺或铜片，将大理石平尺的两端用杠杆百分表对零，如图 2-75 所示。

图 2-74 调整杠杆百分表的表头

图 2-75 用塞尺将大理石平尺两端杠杆百分表对零

19）在不影响测量精度的情况下，用手移动 T 形检测块，进行导轨安装面的直线度检查，测量全长并记录实测值，如图 2-76 所示。

20）将 T 形检测块贴紧从动导轨安装面挡肩，如图 2-77 所示。

图 2-76 导轨安装面直线度检查

图 2-77 将 T 形检测块贴紧从动导轨安装面挡肩

21）调整杠杆百分表的表头，触及大理石平尺的侧面（杠杆百分表的指针停在半圈左右），如图 2-78 所示。

22）使用橡胶锤，将大理石平尺的两端用杠杆百分表对零，如图 2-79 所示。

图 2-78　将杠杆百分表的表头触及大理石平尺的侧面

图 2-79　将大理石平尺的两端用杠杆百分表对零

23）在不影响测量精度的情况下，用手移动 T 形检测块，进行导轨安装面挡肩的直线度检查，测量全长并记录实测值，如图 2-80 所示。

24）将磁性表座、T 形检测块、大理石平尺、大理石等高块取下，如图 2-81 所示。

图 2-80　导轨安装面挡肩直线度检查

图 2-81　去除基准导轨安装面检测工具

2. 基准导轨的安装与调整

1）使用棉布擦拭 40mm×40mm 大理石等高块的研磨面，将等高块的研磨面分别放在电动机座基面和支承座基面上（×表示没有研磨），如图 2-82 所示。

2）使用棉布擦拭大理石平尺，将大理石平尺放在 40mm×40mm 大理石等高块的研磨面上，如图 2-83 所示。

图 2-82　放置等高块研磨面

图 2-83　放置大理石平尺

3）使用棉布擦拭基准导轨，将基准导轨前端放至在基准导轨基面最前端，双手按住，轻轻推入基准导轨（导轨上箭头方向朝向丝杠一侧；有 J 符号一端的基准导轨和有 J 符号一端的导轨安装面配合），如图 2-84 所示。

4）放上螺钉，用内六角扳手从中间向两边顺序方向预紧固定基准导轨，如图 2-85 所示。

图 2-84　初步安装基准导轨

图 2-85　预紧固定基准导轨

5）放上斜压块、放上螺钉，用内六角扳手从中间向两边顺序方向预紧固定斜压块，如图 2-86 所示。

6）将磁性表座吸在滑块上，如图 2-87 所示。

图 2-86　预紧固定斜压块

图 2-87　将磁性表座吸在滑块上

7）调整杠杆百分表的表头，触及大理石平尺的上面（杠杆百分表的指针停在半圈左右），如图 2-88 所示。

8）使用塞尺或铜片，将大理石平尺两端用杠杆百分表对零，如图 2-89 所示。

图 2-88　调整杠杆百分表的表头

图 2-89　用塞尺将大理石平尺两端杠杆百分表对零

9）在不影响测量精度的情况下，用手移动滑块，调整基准导轨直线度（垂直平面），要求误差≤0.015mm/ 全长；如果有偏差，需从中间向两边顺序方向调整基准导轨，如图 2-90 所示。

10）使用力矩扳手从中间向两边顺序方向拧紧基准导轨上的螺钉（M5 的扭力为 5.2N），如图 2-91 所示。

图 2-90　调整垂直平面基准导轨直线度

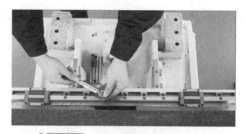
图 2-91　拧紧基准导轨上的螺钉

11）在不影响测量精度的情况下，用手移动滑块，调整基准导轨直线度（垂直平面），要求误差≤0.015mm/全长，记录实测值，如图 2-92 所示。

12）调整杠杆百分表的表头，触及大理石平尺的侧面（杠杆百分表的指针停在半圈左右），如图 2-93 所示。

图 2-92　再次调整垂直平面基准导轨直线度

图 2-93　表头触及大理石平尺的侧面

13）使用橡胶锤，将大理石平尺的两端用杠杆百分表对零，如图 2-94 所示。

14）在不影响测量精度的情况下，用手移动滑块，调整基准导轨直线度（水平平面），要求误差≤0.015mm/全长；如果有偏差，需从中间向两边顺序方向调整斜压块，如图 2-95 所示。

图 2-94　大理石平尺的两端对零

图 2-95　调整水平平面基准导轨直线度

15）使用力矩扳手从中间向两边顺序方向拧紧斜压块上的螺钉（M5 的扭力为 5.2N），如图 2-96 所示。

16）在不影响测量精度的情况下，用手移动滑块，调整基准导轨直线度（水平平面），要求误差≤0.015mm/全长，记录实测值，如图 2-97 所示。

项目 二 智能装备铣削机床（加工中心）机械部件装配与调整

图 2-96　拧紧斜压块

图 2-97　再次调整水平平面基准导轨直线度

3. 从动导轨的安装与调整

1）使用棉布擦拭从动导轨，将从动导轨前端放在从动导轨基面最前端，双手按住后，轻轻推入从动导轨后端（导轨上箭头方向朝向丝杠一侧），如图 2-98 所示。

2）放上螺钉，用内六角扳手从中间向两边顺序预紧固定从动导轨，如图 2-99 所示。

图 2-98　初步安装从动导轨

图 2-99　预紧固定从动导轨

3）放上斜压块、螺钉，用内六角扳手从中间向两边顺序预紧固定斜压块，如图 2-100 所示。

4）将磁性表座吸在导轨滑块上，如图 2-101 所示。

图 2-100　固定斜压块

图 2-101　将磁性表座吸在导轨滑块上

5）调整杠杆百分表的表头，触及大理石平尺的上表面（杠杆百分表的指针停在半圈左右），如图 2-102 所示。

6）在不影响测量精度的情况下，用手移动滑块，调整从动导轨直线度（垂直平面），要求误差≤0.025mm/全长；如果有偏差，需从中间向两边顺序调整从动导轨，如图 2-103 所示。

图 2-102　表头触及大理石平尺的上表面

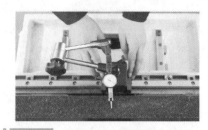

图 2-103　调整垂直平面从动导轨直线度

7）使用力矩扳手从中间向两边顺序方向拧紧从动导轨上的螺钉（M5 的扭力为 5.2N），如图 2-104 所示。

8）在不影响测量精度的情况下，用手移动滑块，调整从动导轨直线度（垂直平面），要求误差≤0.025mm/ 全长，记录实测值，如图 2-105 所示。

图 2-104　拧紧从动导轨上的螺钉

图 2-105　再次调整垂直平面从动导轨直线度

9）调整杠杆百分表的表头，触及大理石平尺的侧面（杠杆百分表的指针停在半圈左右），如图 2-106 所示。

10）在不影响测量精度的情况下，用手移动滑块，调整从动导轨直线度（水平平面），要求误差≤0.025mm/ 全长；如果有偏差，需从中间向两边顺序方向调整斜压块，如图 2-107 所示。

图 2-106　表头触及大理石平尺的侧面

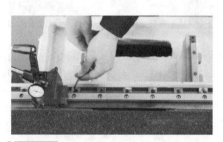

图 2-107　调整水平平面从动导轨直线度

11）使用力矩扳手从中间向两边顺序方向拧紧斜压块上的螺钉（M5 的扭力为 5.2N），如图 2-108 所示。

12）在不影响测量精度的情况下，用手移动滑块，调整从动导轨直线度（水平平面），要求误差≤0.025mm/ 全长，记录实测值，如图 2-109 所示。

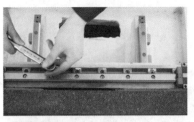
图 2-108 拧紧斜压块上的螺钉

图 2-109 再次调整水平平面从动导轨直线度

4. 两导轨间高度误差检查

1）使用棉布擦拭从动导轨，将找表弯板放在从动导轨滑块上，如图 2-110 所示。

2）将找表弯板贴紧滑块，如图 2-111 所示。

图 2-110 找表弯板放在从动导轨滑块上

图 2-111 将找表弯板贴紧滑块

3）将磁性表座吸在找表弯板上，如图 2-112 所示。

4）调整杠杆百分表的表头，触及大理石平尺的上表面，测量并记录数值（杠杆百分表的指针停在半圈左右），如图 2-113 所示。

图 2-112 将磁性表座吸在找表弯板上

图 2-113 表头触及大理石平尺的上表面

5）将磁性表座和找表弯板轻轻取下，如图 2-114 所示。

6）将磁性表座和找表弯板一起轻放在基准导轨的滑块上，杠杆百分表的表头触及大理石平尺的上面，检查杠杆百分表读数，记录实测值，如图 2-115 所示。

5. 从动导轨的复检

1）将磁性表座吸在从动导轨的滑块上，如图 2-116 所示。

2）调整杠杆百分表的表头，触及基准导轨滑块的上表面（杠杆百分表的指针停在半圈左右），如图 2-117 所示。

3）在不影响测量精度的情况下，双手同时移动两边导轨上的滑块，测量全长并记录杠杆百分表实测值，如图 2-118 所示。

图 2-114 取下磁性表座和找表弯板

图 2-115 测量基准导轨数值

图 2-116 将磁性表座吸在从动导轨滑块上

图 2-117 将表头触及基准导轨滑块的上表面

4）调整杠杆百分表的表头，触及基准导轨上滑块的侧面（杠杆百分表的指针停在半圈左右），如图 2-119 所示。

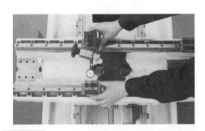
图 2-118 双手同时移动两边导轨上的滑块

图 2-119 调整表头触及基准导轨上滑块的侧面

5）在不影响测量精度的情况下，双手同时移动两边导轨上的滑块，测量全长并记录杠杆百分表实测值，如图 2-120 所示。

6. 丝杠部件的安装与调整

1）使用棉布擦拭 3 个垫铁，如图 2-121 所示。

图 2-120 双手同时移动两边导轨上的滑块

图 2-121 擦拭垫铁

2）将 2 个垫铁放在电动机座基面上，如图 2-122 所示。

3）将 1 个垫铁放在支承座基面上，如图 2-123 所示。

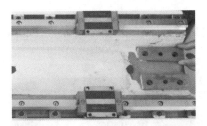

图 2-122　将 2 个垫铁放在电动机座基面上

图 2-123　将 1 个垫铁放在支承座基面上

4）将丝杠部件放在床台的垫铁上，如图 2-124 所示。

5）放上螺钉，使用内六角扳手将电动机座固定螺钉预紧，如图 2-125 所示。

图 2-124　将丝杠部件放在床台的垫铁上

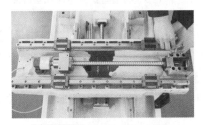

图 2-125　将电动机座固定螺钉预紧

6）放上螺钉，使用内六角扳手将固定支承座的螺钉预紧，如图 2-126 所示。

7）将找表弯板放置在基准导轨滑块上，如图 2-127 所示。

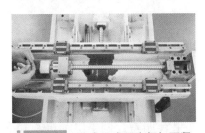

图 2-126　将支承座固定螺钉预紧

图 2-127　将找表弯板放置在基准导轨滑块上

8）将磁性表座吸在找表弯板上，如图 2-128 所示。

9）调整百分表的表头，触及丝杠的上母线（杠杆百分表的指针停在半圈以上），如图 2-129 所示。

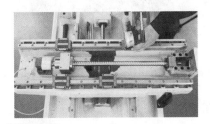

图 2-128　将磁性表座吸在找表弯板上

图 2-129　调整表头触及丝杠的上母线

10）在不影响测量精度的情况下，用手移动滑块和找表弯板，调整丝杠直线度（垂直方向），要求误差≤0.03mm/全长，记录实测值。如果有偏差，使用塞尺或铜片调整电动机座和支承座，如图2-130所示。

11）调整百分表的表头，触及丝杠侧母线（杠杆百分表的指针停在半圈以上），如图2-131所示。

图2-130 调整垂直方向丝杠直线度

图2-131 调整表头触及丝杠侧母线

12）在不影响测量精度的情况下，用手移动滑块和找表弯板，调整丝杠直线度（水平方向），要求误差≤0.03mm/全长；如果有偏差，调整电动机座和支承座，如图2-132所示。

13）取下找表弯板和磁性表座，如图2-133所示。

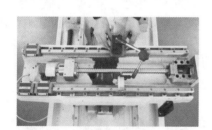
图2-132 调整水平方向丝杠直线度（一）

图2-133 取下找表弯板和磁性表座

14）将找表弯板和磁性表座放置在从动导轨的滑块上，如图2-134所示。

15）在不影响测量精度的情况下，用手移动滑块和找表弯板，调整丝杠直线度（水平方向），要求误差≤0.03mm/全长，记录实测值；如果有偏差，调整电动机座和支承座，如图2-135所示。

图2-134 将找表弯板和磁性表座放置在从动导轨滑块上

图2-135 调整水平方向丝杠直线度（二）

16）调整百分表的表头，触及丝杠轴端（杠杆百分表的指针停在半圈左右），如图2-136所示。

17)用丝杠手柄转动丝杠,检查丝杠轴端的径向圆跳动,测量并记录实测值,如图 2-137 所示。

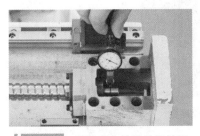

图 2-136　调整表头触及丝杠轴端

图 2-137　检查丝杠轴端的径向圆跳动

7. 工作台的安装与水平调整

1)使用棉布擦拭工作台安装面,如图 2-138 所示。

2)将滑块移动到合适的位置,将工作台放置在滑块和丝杠上面,如图 2-139 所示。

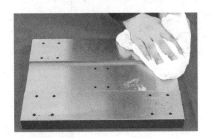

图 2-138　擦拭工作台安装面

图 2-139　将工作台放置在滑块和丝杠上面

3)调整滑块,放上螺钉,使用内六角扳手将工作台安装在滑块和滚珠丝杠安装座上,如图 2-140 所示。

4)将两个水平仪垂直放置在工作台上,如图 2-141 所示。

图 2-140　将工作台安装在滑块和滚珠丝杠安装座上

图 2-141　将两个水平仪垂直放置在工作台上

5)使用 27mm 的呆扳手调整机床垫脚的高度,调整水平仪读数不超过 0.04mm/1000mm,记录实测值,如图 2-142 所示。

图 2-142 调整水平仪读数

四、X 轴滑台装配工艺

YL-1506B 型加工中心 X 轴滑台装配工艺见表 2-8。

表 2-8 YL-1506B 型加工中心 X 轴滑台装配工艺

产品型号	YL-1506B	部件名称		X 轴滑台装配工艺	共 1 页	第 1 页
序号	装配内容及技术要求	装配工艺及技术要求		工艺装配工具	完成情况	备注
					自检记录	
1	对滑台各安装面进行清理和清洁，完成清洗及零件的摆放	对滑台各安装面进行清理和清洁；清洗零件，分类完工后擦干；将轴承支架、丝杠螺母、滚珠丝杠副分类，放在安装桌子上		毛巾、油盘、毛刷、煤油或汽油		
2	基准导轨的安装与调整	将基准导轨安装在十字滑台上，确保其垂直平面和水平平面两方向直线度误差≤0.015mm		内六角扳手、20mm×20mm大理石等高块、平尺、百分表、磁性表座		
3	从动导轨的安装与调整	安装上滑台从动导轨，确保其基准导轨垂直平面和水平平面两方向平行度误差≤0.025mm		内六角扳手、20mm×20mm大理石等高块、平尺、百分表、磁性表座		
4	两导轨间高度误差检查与从动导轨直线度的复检	完成从动导轨垂直平面和水平平面两方向直线度的复检，并进行结果判断		内六角扳手、20mm×20mm大理石等高块、平尺、内六角扳手、百分表、磁性表座		
5	丝杠部件的安装与调整	安装丝杠部件，并保证上滑台丝杠对基准导轨在竖直平面和水平平面的平行度≤0.03mm		百分表、磁性表座、卡簧钳、拔销器		
		检查上滑台丝杠轴端的径向圆跳动				
6	工作台的安装与水平调整	安装传动座及工作台，并进行十字滑台安装完成后的水平调整，水平仪读数不超过0.04mm/1000mm		内六角扳手、水平仪		

项目二 智能装备铣削机床（加工中心）机械部件装配与调整

思考题

一、填空题

1. 智能装备铣削机床是一种用途广泛的机床，分有_____、_____和_____三种。
2. 数控加工中心按照形态不同，分为_____、_____、_____等。
3. 加工中心主轴主要由四个功能部件构成，分别是_____、_____、_____和_____。
4. 刀库一般使用_____或_____来提供转动动力，用刀具_____来保证换刀的可靠性，用_____来保证更换的每一把刀具或刀套都能可靠地准停。
5. 刀库的功能是_____加工工序所需的各种刀具，并按程序指令，把将要用的刀具准确地送到_____，并接收从_____送来的已用刀具。
6. 采取顺序选刀方式的机床必须做到_____放置在刀库上的_____要正确。
7. 刀套上的_____松动或弹簧_____，将使刀套不能夹紧刀具。
8. 切削过程的振动不仅直接影响零件的_____和_____，还会降低刀具的_____，影响生产率。

二、选择题

1. 加工中心与智能装备铣削机床的主要区别是（　　）。
   A. 数控系统复杂程度不同　　　　　　B. 机床精度不同
   C. 有无自动换刀系统
2. 加工中心的自动换刀装置由驱动机构、（　　）组成。
   A. 刀库和机械手　B. 刀库和控制系统　C. 机械手和控制系统　D. 控制系统
3. 圆盘式刀库的安装位置一般在机床的（　　）上。
   A. 立柱　　　　　　B. 导轨　　　　　　C. 工作台
4. 加工中心换刀可与机床加工重合起来，即利用切削时间进行（　　）。
   A. 对刀　　　　　　B. 选刀　　　　　　C. 换刀　　　　　　D. 校核
5. 目前在数控机床的自动换刀装置中，机械手夹持刀具的方法应用最多的是（　　）。
   A. 轴向夹持　　　　B. 径向夹持　　　　C. 法兰盘式夹持
6. 加工中心刀具交换装置有（　　）等类型。
   A. 无机械手换刀　　　　　　　　　　B. 机械手换刀
   C. A、B均正确　　　　　　　　　　D. A、B均不正确
7. 不同的加工中心，其换刀程序是不同的，通常选刀和换刀（　　）进行。
   A. 一起　　　　　　B. 同时　　　　　　C. 同步　　　　　　D. 分开
8. 在采用ATC后，数控加工的辅助时间主要用于（　　）。
   A. 工件安装及调整　　　　　　　　　B. 刀具装夹及调整
   C. 刀库的调整

三、判断题（正确的划 "√"，错误的划 "×"）

1.（　　）智能装备铣削机床可以进行自动换刀。

2.（　　）刀库中顺序选择刀具的方法是刀库中每一把刀具在不同的工序中不能重复使用，为了满足加工需要，只有增加刀具的数量和刀库的容量，这就降低了刀具和刀库的利用率。

3.（　　）刀库中顺序选择刀具的方法需要刀具识别装置。

4.（　　）任意选择刀具法的优点是刀库中刀具的排列顺序与工件加工顺序对应，相同的刀具可重复使用。

5.（　　）刀具编码方式是对每把刀具进行编码，由于每把刀具有自己的代码，因此刀库中的刀具在不同的工序中也就可重复使用，用过的刀具也不一定放回原刀座中，避免了因刀具存放在刀库中的顺序差错而造成的事故，同时也缩短了刀库的运转时间。

6.（　　）自动换刀装置的形式有回转刀架换刀、更换主轴换刀、更换主轴箱换刀、带刀库的自动换刀系统。

7.（　　）自动换刀装置只要满足换刀时间短、刀具重复定位精度高的基本要求即可。

8.（　　）刀库是自动换刀装置最主要的部件之一，圆盘式刀库因其结构简单、取刀方便而应用最为广泛。

9.（　　）加工中心上使用的刀具有重量限制。

10.（　　）使用带有刀库和自动换刀装置的加工中心时，工件往往只需进行一次装夹就可完成所有的加工工序，减少了半成品的周转时间，生产率非常高。

项目三
数控机床位置精度检测与补偿

学习目标 ▶

1. 了解数控机床位置精度的确定与检测方法。
2. 掌握数控机床滚珠丝杠副的螺距补偿操作技能。
3. 掌握数控机床滚珠丝杠副反向间隙补偿操作技能。

重点和难点 ▶

1. 滚珠丝杠副的螺距补偿操作技能。
2. 滚珠丝杠副反向间隙补偿操作技能。

延伸阅读 ▶

延伸阅读

数控机床的几何精度综合反映了机床各关键部件精度及其装配质量与精度，是数控机床验收的主要依据之一。数控机床的几何精度检查与普通机床基本类似，使用的检测工具和方法也很相似，只是检验要求更高，主要依据与标准是厂家提供的合格证上的各项技术指标。常用的检测工具有：平尺、带锥柄的检验棒、顶尖、角尺、精密水平仪、百分表、千分表、杠杆表、磁力表座等；对于其位置精度的检测，主要用的是步距规及激光干涉仪；对于其加工精度的检验，主要用的是千分尺及三坐标测量仪等。测试数控机床运行时的噪声可以用噪声仪，测试数控机床的温升可以用点温计或红外热像仪，测试数控机床外观主要用光电光泽度仪等。

学习任务一　数控机床位置精度检测方法

一、定位精度和重复定位精度的确定

机床质量的好与坏，最终的考核还是看该机床加工零件的质量如何，一般来讲，对于机床一般项精度与标准存在一定范围的偏差时，以该机床的加工精度为准。数控机床精

度检验的标准主要是 GB/T 17421.2—2023《机床检测通则 第 2 部分：数控轴线的定位精度和重复定位精度的确定》，它提出了定位精度和重复定位精度的检测评定方法，具体如下：

1）目标位置 P_i（$i=1 \sim m$）：运动部件编程要达到的位置，下标 i 表示沿轴线选择的目标位置中的特定位置。

2）实际位置 P_{ij}（$i=0 \sim m$，$j=1 \sim n$）：运动部件第 j 次向第 i 个目标位置趋近时的实际测得的到达位置。

3）位置偏差 X_{ij}：运动部件到达的实际位置减去目标位置之差，$X_{ij}=P_{ij}-P_i$。

4）单向：运动部件以相同的方向沿轴线（指直线运动）或绕轴线（指旋转运动）趋近某一目标位置的一系列测量。用符号↑表示从正方向趋近所得的参数，用符号↓表示从负方向趋近所得的参数，如 $X_{ij}\uparrow$ 或 $X_{ij}\downarrow$。

5）双向：运动部件从两个方向沿轴线或绕轴线趋近某目标位置得到一个参数的一系列测量。

6）某一位置的单向平均定位偏差 $\bar{X}_i\uparrow$ 或 $\bar{X}_i\downarrow$：运动部件由 n 次单向趋近某一位置 P_i 所得的定位偏差的算术平均值。即

$$\bar{X}_i\uparrow = \frac{1}{n}\sum_{j=1}^{n} X_{ij}\uparrow \text{ 和 } \bar{X}_i\downarrow = \frac{1}{n}\sum_{j=1}^{n} X_{ij}\downarrow$$

7）某一位置的双向平均定位偏差 $\bar{X}_i$：运动部件从两个方向趋近某一位置 P_i 所得的单向平均定位偏差 $\bar{X}_i\uparrow$ 和 $\bar{X}_i\downarrow$ 的算术平均值。即

$$\bar{X}_i = (\bar{X}_i\uparrow + \bar{X}_i\downarrow)/2$$

8）某一位置的反向差值 B_i：运动部件从两个方向趋近某一位置时两单向平均定位偏差之差。即

$$B_i = \bar{X}_i\uparrow - \bar{X}_i\downarrow$$

9）轴线反向差值 B 和轴线平均反向差值 $\bar{B}$：运动部件沿轴线或绕轴线的各目标位置的反向差值的绝对值 $|B_i|$ 中的最大值即为轴线反向差值 B；沿轴线或绕轴线的各目标位置的反向差值的 B_i 的算术平均值即为轴线平均反向差值 $\bar{B}$。即

$$B = \max[|B_i|] \text{ 和 } \bar{B} = \frac{1}{m}\sum_{i=1}^{m} B_i$$

10）在某一位置的单向轴线重复定位精度的估算值 $S_i\uparrow$ 或 $S_i\downarrow$：通过对某一位置 P_i 的 n 次单向趋近所获得的定位偏差标准不确定度的估算值。即

$$S_i\uparrow = \sqrt{\frac{1}{n-1}\sum_{j=1}^{n}(X_{ij}\uparrow - \bar{X}_i\uparrow)^2} \quad S_i\downarrow = \sqrt{\frac{1}{n-1}\sum_{j=1}^{n}(X_{ij}\downarrow - \bar{X}_i\downarrow)^2}$$

项目三 数控机床位置精度检测与补偿

11）某一位置的单向重复定位精度$R_i\uparrow$或$R_i\downarrow$及双向重复定位精度R_i为

$$R_i\uparrow =4S_i\uparrow 和 R_i\downarrow =4S_i\downarrow \quad R_i=\max[2S_i\uparrow +2S_i\downarrow +|B_i|;\ R_i\uparrow;\ R_i\downarrow]$$

12）轴线双向重复定位精度R：沿轴线或绕轴线的任一位置P_i的重复定位精度的最大值。即

$$R=\max[R_i]$$

13）轴线双向定位精度A：由双向定位系统误差和双向轴线重复定位精度估算值的2倍的组合来确定的范围。即

$$A=\max[\bar{X}_i\uparrow +2S_i\uparrow;\bar{X}_i\downarrow +2S_i\downarrow]-\min[\bar{X}_i\uparrow -2S_i\uparrow;\bar{X}_i\downarrow -2S_i\downarrow]$$

二、定位精度测量工具和方法

定位精度和重复定位精度的测量仪器有激光干涉仪、线纹尺、步距规。目前多采用双频激光干涉仪对机床进行检测和处理分析，利用激光干涉测量原理，以激光实时波长为测量基准，所以提高了测试精度并扩大了适用范围。用步距规测量定位精度，因其操作简单而在批量生产中也被广泛应用。无论采用哪种测量仪器，其在全行程上的测量点数不应少于5点，测量间距按公式确定：

$$P_i = iP + k$$

式中，P为测量间距；k在各目标位置取不同的值，以获得全测量行程上各目标位置的不均匀间隔，保证周期误差被充分采样。

1. 步距规测量

步距规，也叫节距规、阶梯规。它由精密的量块直线排列，永久固定于一个坚固的框架中，框架表面进行喷塑或镀层保护处理，可用于检测机床工作台移动精度和校准三坐标测量机，便于调整机床以补偿误差，提高设备定位精度。

> **注意**：步距规是精密量具，因此须避免其异常受力，如用手抓量块提拉步距规、使用物件敲击步距规量块、让量块异常受力、使步距规从高处掉落、强大外力弯曲步距规基体等。
>
> 步距规工作量块有陶瓷与钢制两种，使用钢制量块时应注意防锈。另外工作量块之间的钢制垫块部分也需要防锈，在恶劣环境下使用步距规，基体部分也应有防锈措施。

（1）步距规使用前的准备

1）将步距规从包装箱里取出，使用洁净脱脂棉蘸航空汽油（120#）清洁步距规量块工作面及基座表面（不可使用溶解性清洁剂）。

2）使用步距规检测X轴或Y轴定位精度时，应调整步距规基体与被检导轨方向平行（斜度100∶0.01）；使用步距规检测Z轴精度时，应将步距规基体零位端面朝下竖直放置于支承台面上，如果支承台面与Z轴垂直度太差，应设法将其校正。固定步距规时需注

意，进行夹持操作时应将夹持点选择在步距规受力点支承位置，避免将步距规夹持弯曲变形。

3）固定测微表于被检测设备合适位置上，加工中心及其他类似机床应将测微表固定于主轴头架上，检测车床时，测微表应固定在刀架位置。该测微表可以是杠杆千分表或者旁向式测微头，应依据检测的期望精度来具体选择，但是重复性要求尽可能好。坐标测量机、高度仪等使用本身测头，不需另外使用测微表。当使用磁力表座等支架固定测微表时，应保证磁力表座的刚性和稳定性。

4）等温：校调好步距规和测微表位置后，应进行等温。等温时间依据步距规与被检设备的不同温差以及环境温度控制情况需求不一，应具体情况具体分析。要求的检测精度越高，等温时间应该越长。一般情况下等温4~8h基本可以，如果要进行高精密度检测应等温12~24h。如果步距规与被检设备的温差本身不大，则等温时间不需太长。

5）设备预热：经过等温后，正式检测前应该让被检设备充分预运行，此时设备的温度、精度等参数更能准确反映设备的真实工作状态，而步距规也更接近被检/被加工工件状态。

（2）进行检测

1）将被检设备导轨移动回零位处，此时测微表测头应与步距规零位工作面中心接触并预压，将被检导轨计数器（即被检导轨自身的读数值）和测微表读数置零。

2）沿着与被检导轨垂直的方向移动测头直至移出量块工作面外。

3）沿着与被检导轨平行的方向移动测微表到下一个受检点前。

4）反方向重复步骤2），位移量应当相等（即移动测微表测头至当前步距规工作面中心点）。

5）微调被检设备。此时有两种方法可选：一是微调被检设备至导轨显示数值为标称值，此时导轨与步距规比较的差值从测微表读出；二是微调至测微表读数为零，此时导轨与步距规比较的差值由导轨计数器读出。建议当测微表的重复性、分辨力以及精度比被检设备高时选用方法一，这样可以得到更精确的测量结果。同一次测量只能用同一种方法，不应混用。

检测部分有一点需要特别指出，步距规有同向和异向工作面，一般情况下使用与导轨移动方向同向的工作面，如果一个方向上的测量同向与异向工作面都使用的话，导轨的换向误差以及测微表的换向误差将会引入测量结果中，除非该部分误差很小或者原本目的就需要测量该部分误差。

步距规的结构如图3-1所示。图中尺寸P_1，P_2，…，P_i按100mm间距设计，加工后测量出P_1，P_2，…，P_i的实际尺寸作为定位精度检测时的目标位置坐标（测量基准）。

以智能装备铣削机床X轴定位精度测量为例，测量时，将步距规置于工作台上，并将步距规轴线与X轴轴线校平行，令X轴回零；将杠杆千分表固定在主轴箱上（不移动），表头接触P_0点，表针置零；用程序控制工作台按标准循环图移动，如图3-2所示。移动距离依次为P_1，P_2，…，P_i，表头则依次接触到P_1，P_2，…，P_i各点，表盘在各点的读数则为该位置的单向定位偏差，按标准循环图测量5次，将各点读数（单向定位偏差）记录在记录表中，按本节叙述的方法对数据进行处理，可确定该坐标的定位精度和重复定位精度。

项目 三 数控机床位置精度检测与补偿

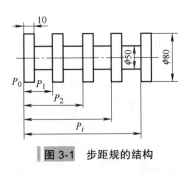

图 3-1 步距规的结构

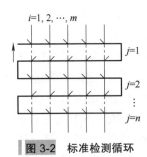

图 3-2 标准检测循环

（3）数据处理　检测得到的数据加上步距规相应点的误差即是导轨在该点处的误差，处理数据时应注意符号的正负。对于高精密度测量来说，热膨胀系数、温度偏离标准温度、步距规本身的误差等都应在数据处理时予以考虑。数据处理完毕，即可依据所得的结果对被检导轨定位精度进行修正。

根据 GB/T 17421.2—2023《机床检测通则　第 2 部分：数控轴线的定位精度和重复定位精度的确定》，计算机填写机床定位精度、重复定位精度和反向间隙计算表，见表 3-1。

表 3-1　机床定位精度、重复定位精度和反向间隙计算表

机床型号及名称					测试坐标		轴		检验员			
机床编号					测试温度		℃		检测时间			
目标位置序号 i		1		2		3		4		5		6	
目标位置 P_i/mm													
趋近方向		↑	↓	↑	↓	↑	↓	↑	↓	↑	↓	↑	↓
定位偏差	$j=1$												
	2												
	3												
	4												
	5												
单向平均定位偏差 $\bar{X}_i$/μm													
标准不确定度估算值 S_i/μm													
$2S_i$/μm													
双向重复定位精度 R_i/μm													
$\bar{X}_i + 2S_i$/μm													
$\bar{X}_i - 2S_i$/μm													
反向值 $B_i = \bar{X}_i\uparrow - \bar{X}_i\downarrow$													
反向值绝对值													
误差		定位精度 $A=$											
		重复定位精度 $R=$											
		反向值 $B=$											

2. 激光干涉仪检测

（1）测量原理　激光干涉仪一般采用的是氦氖激光器，其名义波长为 0.633μm，其长期波长稳定性高于 $0.1×10^{-6}$。干涉技术是一种测量距离精度等于甚至高于 $1×10^{-6}$ 的测量方法。其机理是：把两束相干光波形合并相干（或引起相互干涉），其合成结果为两个波形的相位差，用该相位差来确定两个光波的光路差值的变化。当两个相干光波在相同相位时，即两个相干光束波峰重叠，其合成结果为相长干涉，其输出波的幅值等于两个输入波幅值之和；当两个相干光波在相反相位时，即一个输入波波峰与另一个输入波波谷重叠时，其合成结果为相消干涉，其幅值为两个输入波幅值之差，因此，若两个相干波形的相位差随着其光程长度之差逐渐变化而相应变化时，那么合成干涉波形的强度会相应周期性地变化，即产生一系列明暗相间的条纹，激光器内的检波器根据记录的条纹数来测量长度，其长度为条纹数乘以半波长。

目前大多数数控机床螺距误差精度的检测都采用雷尼绍 ML10 激光干涉仪，利用它自动测量机床的误差，再通过 RS232 接口，利用软件自动对误差补偿表进行补偿。比用步距规或光栅尺进行补偿的方法节省了大量时间和人力，并且避免了手工计算和手动数据输入而引起的随机误差，同时最大限度地增设补偿点数，使机床达到最佳补偿精度。其工作原理和光路如图 3-3 所示。

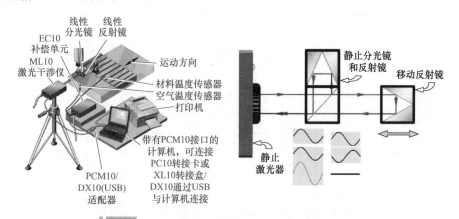

图 3-3　ML10 激光干涉仪的工作原理和光路示意图

（2）测试方法　首先将反射镜置于机床不动的某个位置，让激光束经过反射镜形成一束反射光；其次将干涉镜置于激光器与反射镜之间，并置于机床的移动部件上，形成另一束反射光，两束光同时进入激光器的回光孔产生干涉；然后根据定义的目标位置编制循环移动程序，记录各个位置的测量值（机器自动记录）；最后进行数据处理与分析，计算出机床的位置精度。其测量示意图如图 3-4 所示。

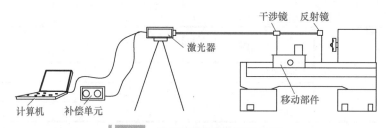

图 3-4　激光干涉仪的测量示意图

学习任务二　滚珠丝杠副的螺距补偿

一、螺距误差产生原因

1）滚珠丝杠副处在进给系统传动链的末级，丝杠和螺母存在各种误差，如累积螺距偏差、螺纹滚道型面偏差、直径误差等，其中丝杠的累积螺距偏差会造成机床目标值偏差。

2）滚珠丝杠在装配过程中，由于采用了双支承结构，会使丝杠轴向拉长，造成丝杠螺距误差增加，产生机床目标值偏差。

3）在机床装配过程中，丝杠轴线与机床导轨平行度的误差会引起机床目标值偏差。

二、螺距补偿

数控机床的直线轴精度表现在轴进给上主要有三项精度：反向间隙、定位精度和重复定位精度。其中反向间隙、重复定位精度可以通过机械装置的调整来实现，而定位精度在很大程度上取决于直线轴传动链中滚珠丝杠的螺距制造精度。智能装备车削机床生产制造及加工应用中，在调整好机床反向间隙、重复定位精度后，要减小定位误差，用数控系统的螺距误差补偿功能是最节约成本且直接有效的方法。

由于滚珠丝杠副在加工和安装过程中存在误差，因此滚珠丝杠副将回转运动转换为直线运动时存在以下两种误差。

1）螺距误差，即丝杠导程的实际值与理论值的偏差。

2）反向间隙，即丝杠和螺母无相对转动时，丝杠和螺母之间的最大窜动。

三、螺距误差补偿原理

螺距误差补偿是将机床实际移动的距离与指令移动的距离之差，通过调整数控系统的参数增减指令值的脉冲数，实现机床实际移动距离与指令值相接近，以提高机床的定位精度。螺距误差补偿只对机床补偿段起作用，在数控系统允许的范围内将起到补偿作用。

四、测量丝杠螺距误差

1. 设置零点及正负限位

设置滑台的机械坐标系零点以及正负限位，如图3-5所示。

2. 设置螺距补偿相关系统参数

以 FANUC 数控系统为例，设置螺距补偿相关系统参数，见表3-2。

按【系统】键，系统进入【螺距误差补偿】界面，显示需要进行螺距误差补偿的轴号，如图3-6所示。

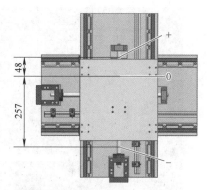

图3-5　设置坐标系零点及正负限位

表 3-2 螺距补偿系统参数

参数号	设定值	说明
3620	40	参考点补偿号，该参数为参考点的补偿号码，可以随意设置，例如设置为 40
3621	28	负方向最远端补偿点号，即在补偿范围内，负向最远端的补偿点号，此参数通过如下计算得出： 参考点补偿号 -（机床负方向行程长度/补偿间隔）+1=40-255/20+1=28.25，取 28
3622	42	正方向最远端补偿点号，同上计算如下： 参考点补偿号 +（机床正方向行程长度/补偿间隔）=40+45/20=42.25，取 42
3623	3	补偿倍率，因为 FANUC 系统的螺距补偿界面的设置值为 -7 至 +7 之间，例如：补偿值为 14 时，就需要设置为 2，补偿界面设置为 7，即 2×7=14，设置为 0 和设置为 1 相同
3624	20	补偿点间隔，本次设置等距间隔为 20mm
11350#5	1	补偿界面显示轴号

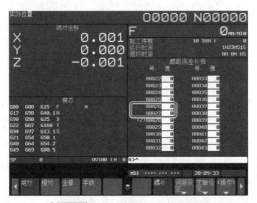

图 3-6 【螺距误差补偿】界面

3. 测量补偿值并记录

1）在 MDI（手动数据输入）方式下，输入 "G98 G01 Z-257 F300" 后按下自动循环按钮，滑台运动至 Z-257 指定位置，如图 3-7 所示。

2）输入 "G98 G01 Z-255 F300" 后按下自动循环按钮，滑台运动至 Z-255 指定位置，如图 3-8 所示。

图 3-7 滑台运动至 Z-257 指定位置

图 3-8 滑台运动至 Z-255 指定位置

3）按下【单步】按键，把光栅尺数显表清零，输入"G98 G01 W20 F300"后按下自动循环按钮，滑台向Z轴正方向运动20mm位置，记录光栅尺数显表读数后清零，再次运行以上程序，记录各次读数填入表3-3。

表3-3 测量及补偿

补偿点号	补偿位置	测量值	补偿值	参数3623为3时
28	−235.000	20.018	−0.018	−6
29	−215.000	20.016	−0.016	−5
30	−195.000	20.018	−0.018	−6
31	−175.000	20.006	−0.006	−2
32	−155.000	20.000	0	0
33	−135.000	19.993	0.007	−2
34	−115.000	19.991	0.009	−3
35	−95.000	19.993	0.007	−2
36	−75.000	19.990	0.010	−3
37	−55.000	19.992	0.008	−3
38	−35.000	19.993	0.007	−2
39	−15.000	19.995	0.005	−2
40	5.000	19.992	0.008	−3
41	25.000	19.995	0.005	−2
42	45.000	20.001	−0.001	0

4. 输入补偿值观察补偿效果

输入补偿值，再次测量，观察补偿效果。补偿值可以通过361诊断号进行查看，如图3-9所示。

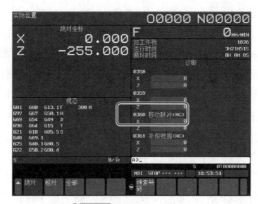

图3-9 补偿诊断界面

学习任务三　反向间隙补偿

在数控机床上，由于各坐标轴进给传动链上驱动部位（如伺服电动机）的反向死区，各机械传动副的反向间隙等误差的存在，造成各坐标轴在由正向运动转为反向运动时形成反向偏差，通常称为反向间隙或失动量。对于采用半闭环伺服系统的数控机床，反向间隙的存在会影响机床的定位精度和重复定位精度，从而影响产品的加工精度。若反向间隙太大，经常在加工中出现"圆不够圆，方不够方"的废品零件。而 FANUC 半闭环数控系统则有相应的系统参数可实现较高精度的反向间隙补偿，即可实现切削进给和快速进给两种加工模式下的反向间隙补偿功能，从而可以提高轮廓加工和孔加工精度。

一、反向间隙

因为丝杠和螺母之间肯定存在一定的间隙，所以在正转变换成反转的时候，在一定的角度内，尽管丝杠转动，但是螺母还要等间隙消除以后才能带动工作台运动，这个间隙就是反向间隙，但是要反映在丝杠的旋转角度上。

在数控机床进给传动链的各环节中，比如齿轮传动、滚珠丝杠副等都存在反向间隙。反向间隙是影响机械加工精度的因素之一，当数控机床工作台在其运动方向上换向时，由于反向间隙的存在会导致伺服电动机空转而工作台无实际移动，称为失动。若反向间隙数值较小，对加工精度影响不大则不需要采取任何措施；若数值较大，则系统的稳定性明显下降，加工精度明显降低，尤其是曲线加工，会影响到尺寸公差和曲线的一致性，此时必须进行反向间隙的消除或是补偿，以提高加工精度。

二、反向间隙补偿

由于反向间隙的存在，会对传动精度以及加工精度有着一定的影响，在高精度的应用场合需对反向间隙进行测量与补偿，特别是采用半闭环控制的数控机床，反向间隙会影响到定位精度和重复定位精度，这就需要平时在使用数控机床时，重视和研究反向间隙的产生因素、影响以及补偿功能等。利用数控系统提供的反向间隙补偿功能，对机床传动链进行补偿，能在一定范围内补偿反向间隙，但不能从根本上完全消除反向间隙。由于滚珠丝杠的制造误差，滚珠丝杠的任何一个位置既有螺距误差又有反向间隙，而且每个位置的反向间隙各不相同。一般采用激光干涉仪进行多点测量，所选取的测量点要基本反映丝杠的全程情况，然后取各点反向间隙的平均值，作为反向间隙的补偿值。

反向间隙补偿值的正负与测量元件的安装位置有关。以脉冲编码器测量元件为例，如果编码器的运动早于工作台运动，系统在反向时，编码器的实际值在工作台实际值的前面出现，也就是编码器已经向系统发出了移动脉冲，工作台可能还没有移动，这样通过编码器获得的位置将大于工作台移动的实际位置，在这种情况下，就必须给数控系统输入正的补偿值。如果工作台运动早于编码器的运动，系统在反向时，工作台已经产生了移动，编码器可能还没有向系统发出移动脉冲，这样通过编码器获得的位置将小于工作台移动的实际位置，在这种情况下，就必须给数控系统输入负的补偿值。通常情况下都是采用输入正的补偿值。

三、反向间隙的测定

1. 设定参数

参数	#7	#6	#5	#4	#3	#2	#1	#0
1800				RBK				

#4（RBK）置0，切削/快速进给间隙补偿量不分开；置1，切削/快速进给间隙补偿量分开。

2. 反向间隙的测量

1）机床运动部件回参考点。

2）运行程序：G98 G01 X100 F300，使机床以切削进给速度移动到测量点，如图3-10所示。

3）安装千分表并对零，此时机床状态如图3-11所示。

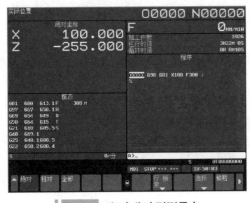

图3-10　机床移动到测量点

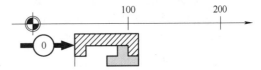

图3-11　在机床测量点将千分表对零

4）运行程序：G01 X200 F300，使机床以切削进给速度沿相同方向移动，此时机床状态如图3-12所示。

5）运行程序：G01 X100 F300，使机床以切削进给速度返回到测量点，此时机床状态如图3-13所示。

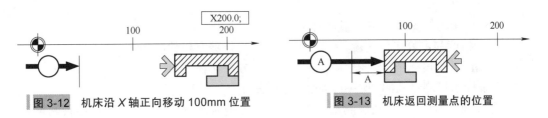

图3-12　机床沿X轴正向移动100mm位置　　　图3-13　机床返回测量点的位置

6）读取千分表的读数，这时通过千分表的读数即可读取数控机床在该位置100mm距离内的反向间隙A。

为了确保每个测量点的反向间隙尽可能准确,一般会对每个测量点进行7次的重复测量,然后以其平均值作为该点的反向间隙。但由于数控机床在不同位置处的反向间隙并不相同,也不成线性关系,因此为了能更精确地反映某机床的反向间隙,通常会在获得机床的行程中点及两端的3个位置的平均反向间隙后,取其中最大的一个反向间隙作为系统的补偿值。

7)设置切削进给方式下的间隙补偿量(A)。该设置需要进入系统参数1851设置界面进行设置。具体设置步骤如下:

① 进入1851参数设置界面:

参数	1851	切削进给方式的间隙补偿量　[检测单位]

设定范围:-9999 ~ +9999

② 进行单位换算。参数设置的间隙补偿量单位为 μm,而通常所测量的反向间隙单位一般为 mm,因此在设置该参数时,必须进行单位转换。

③ 选择测量的轴,并输入对应的参数中。

> 思 考 题

一、填空题

1. 定位精度主要检测内容有_____定位精度、_____定位精度、_____的返回精度、直线运动_____的测定。
2. 数控机床位置精度的检测,主要用的检测工具是_____及_____。
3. 对于机床一般项精度与标准存在一定范围的偏差时,以该机床的_____为准。
4. 由于滚珠丝杠副在加工和安装过程中存在误差,因此滚珠丝杠副将回转运动转换为直线运动时存在以下两种误差,即_____和_____。
5. 螺距误差补偿是将机床_____的距离与_____的距离之差,通过调整数控系统的参数增减指令值的_____,以提高机床的_____精度。
6. 定位精度的检验一般精度标准上规定了三项,分别为_____、_____、_____。
7. 对于采用半闭环伺服系统的数控机床,反向间隙的存在会影响到机床的_____和_____,从而影响产品的加工精度。
8. 反向间隙补偿值的_____与测量元件的安装位置有关。

二、选择题

1. 数控机床的位置精度主要指标有(　　)。
   A.定位精度和重复定位精度　　　　B.分辨力和脉冲当量
   C.主轴回转精度　　　　　　　　　D.几何精度
2. 用游标卡尺测量孔的中心距,此测量方法为(　　)。
   A.直接测量　　B.间接测量　　C.绝对测量　　D.比较测量
3. 数控机床上有一个机械原点,该点到机床坐标零点在进给坐标轴方向上的距离可以在机床出厂时设定,该点称(　　)。

A. 工件零点　　　B. 机床零点　　　　　C. 机床参考点

4. （　　）是指数控机床工作台等移动部件在确定的终点所达到的实际位置精度，即移动部件实际位置与理论位置之间的误差。

A. 定位精度　　　B. 重复定位精度　　　C. 加工精度　　　　D. 分度精度

5. 工作台定位精度测量时应使用（　　）。

A. 激光干涉仪　　B. 百分表　　　　　　C. 千分尺　　　　　D. 游标卡尺

6. 车床主轴轴线有轴向窜动时，对车削（　　）精度影响较大。

A. 外圆表面　　　B. 丝杠螺距　　　　　C. 内孔表面　　　　D. 外圆表面

三、操作题

1. 针对实训用数控机床，测量滚珠丝杠螺距误差并完成进给系统的螺距误差补偿。

2. 针对实训用数控机床，完成滚珠丝杠副反向间隙误差补偿。

项目四
数控机床安装调试与验收

学习目标

1. 了解数控机床验收的检验步骤。
2. 掌握数控机床调平和精度检测操作技能。
3. 掌握智能装备车削机床几何精度检测操作技能。
4. 掌握智能装备铣削机床（加工中心）几何精度检测操作技能。
5. 掌握数控机床加工性能检测操作技能。

重点和难点

1. 智能装备车削机床几何精度检测操作技能。
2. 智能装备铣削机床（加工中心）几何精度检测操作技能。
3. 数控机床加工性能检测操作技能。

延伸阅读

延伸阅读

数控机床从订购到正式投入使用，一般要经历机床订购、机床预验收、运抵、最终验收和交付使用等环节。新机床在运输过程中会产生振动和变形，到达用户现场时机床精度与出厂精度已产生偏差，在机床安装就位的过程中，以及使用精度检测仪器在相关部件上进行几何精度的调整时，也会对数控机床产生一定的影响。因此，必须对机床的几何精度、位置精度及工作精度做全面检验，才能保证机床的工作性能。

数控机床的安装与调试是使机床恢复和达到出厂时的各项性能指标的重要环节。数控机床的安装与调试的优劣直接影响到机床的性能。

一、数控机床的安装与调试

数控机床的安装与调试一般包括基础施工、机床拆箱、吊装就位、连接组装以及试车调试等工作。数控机床安装时应严格按产品说明书的要求进行。小型机床的安装可以整体进行，所以比较简单。大、中型机床由于运输时分解为几个部分，安装时需要重新组装和调整，因而工作复杂得多。现将机床的安装与调试过程分别予以介绍。

1. 基础施工及机床就位

机床安装之前就应先按机床厂提供的机床基础图打好机床地基。机床的位置和地基对于机床精度的保持和安全稳定地运行具有重要意义。机床的位置应远离振源，避免阳光照射，放置在干燥的地方。若机床附近有振源，在地基四周必须设置防振沟。安装地脚螺栓的位置做出预留孔。机床拆箱后先取出随机技术文件和装箱单，按装箱单清点各包装箱内的零部件、附件等资料是否齐全，然后仔细阅读机床说明书，并按说明书的要求进行安装，在地基上放多块用于调整机床水平的垫铁，再把机床的基础件（或小型整机）吊装就位在地基上。同时把地脚螺栓按要求安放在预留孔内。

2. 机床连接组装

机床连接组装是指将各分散的机床部件重新组装成整机的过程。如主床身与加长床身的连接，立柱、数控柜和电气柜安装在床身上，刀库机械手安装在立柱上等。机床连接组装前，先清除连接面和导轨运动面上的防锈涂料，清洗各部件的外表面，再把清洗后的部件连接组装成整机。部件连接定位要使用随机所带的定位销、定位块，使各部件恢复到拆卸前的位置状态，以利于进一步的精度调整。

3. 试车调试

机床试车调试包括机床通电试运转和粗调机床的主要几何精度。机床安装就位后可通电试车运转，目的是考核机床安装是否稳固，各传动、操纵、控制、润滑、液压、气动等系统是否正常、灵敏、可靠。

通电试车前，应按机床说明书要求给机床加注规定的润滑油和润滑脂，清洗液压油箱和过滤器，加注规定标号的液压油，接通气动系统的输入气源。

通电试车通常是在各部件分别通电试验后再进行全面通电试验的。先应检查机床通电后有无报警故障，然后用手动方式陆续起动各部件。检查安全装置是否起作用，各部件能否正常工作，能否达到工作指标。例如，起动液压系统时要检查液压泵电动机转动方向是否正确，液压泵工作后管路中能否形成油压，各液压元件是否正常工作，有无异常噪声，有无油路渗漏以及液压系统冷却装置是否正常工作；数控系统通电后有无异常报警；系统急停、清除复位按钮能否起作用；检查机床各转动和移动是否正常等。

机床经通电初步运转后，调整床身水平，粗调机床主要几何精度，调整一些重新组装的主要运动部件与主机之间的相对位置，如机械手刀库与主机换刀位置的找正，自动交换托盘与机床工作台交换位置的找正等。粗略调整完成后，即可用快干水泥灌注主机和附件的地脚螺栓，灌平预留孔。等水泥固化后，就可以进行下一步工作。

二、数控机床的验收

数控机床的验收主要从以下几个方面来进行：

1. 开箱检验

开箱检验主要是检查装箱单、合格证、操作维修手册、图样资料、机床参数清单及光盘等资料；对照购置合同及装箱单清点附件、备件、工具的数量、规格及完好状况。验收人员逐项如实填写"设备开箱检验登记卡"并整理归档。

2. 外观检查

检查主机、系统操作面板、机床操作面板、CRT/LCD、位置检测装置、电源、伺服驱动装置等部件是否有破损；检查电缆捆扎处是否有破损，对安装有脉冲编码器的伺服电动机要特别检查电动机外壳的相应部分有无磕碰痕迹。检查各油漆的表面质量，包括油漆有无损伤、油漆色差、流挂及油漆的光泽度等，一般要求反光率不小于72%。起动数控机床，检查其运行的噪声情况，一般不允许超过85dB。数控机床不得有渗油、渗水、漏气现象。检查主轴运行温度稳定后的温升情况，一般其温度最高不超过70℃，温升不超过32℃。

3. 功能检查

数控机床功能检查包括机床性能检查和数控功能检查两个方面。机床性能检查主要是检查主轴系统、进给系统、自动换刀系统以及附属系统的性能；数控功能检查则按照订货合同和说明书的规定，用手动方式或自动方式逐项检查数控系统的主要功能和选择功能。

主轴系统性能检查包括检验主轴动作的灵活性和可靠性；用手动数据输入（MDI）方式使主轴实现从低速到高速旋转的各级转速变换，同时观察机床的振动和主轴的温升；检验主轴准停装置的可靠性和灵活性；对有齿轮变速的主轴箱，还应多次检验自动变速，其动作应准确可靠。

进给系统性能检查要求分别对各坐标轴进行手动操作，检验正反方向不同进给速度和快速移动的起、停、点动等动作的平衡性和可靠性；用手动数据输入方式测定点定位和直线插补下的各种进给速度；用回原点方式检验各伺服驱动轴的回原点可靠性。

自动换刀系统性能检查主要是检查自动换刀系统的可靠性和灵活性，测定自动交换刀具的时间。

除上述的机床性能检查项目外，对润滑装置、安全装置、气液装置和各附属装置也应进行性能检查。

数控功能检查一般应由用户编写一个检验（考机）程序，让机床在空载下自动运行8～16h。检验（考机）程序中要尽可能包括机床应有的全部数控功能、主轴的各种转速、各伺服驱动轴的各种进给速度、换刀装置的每个刀位、台板转换等。对图形显示、自动编程、参数设定、诊断程序、参数编程、通信功能等选择功能则进行专项检查。

4. 精度验收

数控机床的几何精度综合反映了机床各关键部件精度及其装配质量与精度，是数控机床验收的主要依据之一。数控机床的几何精度检查与普通机床基本类似，使用的检测工具和方法也很相似，只是检验要求更高，主要依据与标准是厂家提供的合格证上的各项技术指标。常用的检测工具有平尺、带锥柄的检验棒、顶尖、角尺、精密水平仪、百分表、千分表、杠杆表、磁力表座等。对于其位置精度的检测，主要用的是激光干涉仪及量块；对于其加工精度的检测，主要用的是千分尺及三坐标测量仪。测试数控机床运行时的噪声可以用噪声仪，测试数控机床的温升可以用点温计或红外热像仪，测试数控机床的外观主要用光电光泽度仪等。

项目 四 数控机床安装调试与验收

学习任务一　数控机床调平和精度检测

一、数控机床调平

1. 水平仪

水平仪是一种测量小角度的常用量具。在机械行业和仪表制造中，用于测量相对于水平位置的倾斜角、机床类设备导轨的平面度和直线度、设备安装的水平位置和垂直位置等。图 4-1 所示为条式水平仪的外形。

条式水平仪是钳工常用的水平仪，由作为工作平面的 V 形底平面和与工作平面平行的水准器组成。工作平面的平直度和水准器与工作平面的平行度都做得很精确。当水平仪的底平面放在准确的水平位置时，水准器内的气泡正好在中间位置，即水平位置。按水平仪的外形不同可分为万向水平仪、圆柱水平仪、一体化水平仪、迷你水平仪、相机水

图 4-1　条式水平仪的外形

平仪、框式水平仪、尺式水平仪；按水准器的固定方式又可分为可调式水平仪和不可调式水平仪。

（1）水平仪的工作原理　水平仪的水准管由玻璃制成，水准管内壁是一个具有一定曲率半径的曲面，管内装有液体，当水平仪发生倾斜时，水准管中的气泡就向水平仪升高的一端移动，从而确定水平面的位置。水准管内壁曲率半径越大，分辨力就越高，曲率半径越小，分辨力越低，因此水准管曲率半径决定了水平仪的精度。水平仪主要用于检验各种机床和工件的平面度、直线度、垂直度及设备安装的水平位置等。特别是在测量垂直度时，磁性水平仪可以吸附在垂直工作面上，不用人工扶持，减轻了劳动强度，避免了人体热量辐射带给水平仪的测量误差。

（2）水平仪测量　水平仪的两个 V 形测量面是测量精度的基准，在测量中不能与工作的粗糙面接触或摩擦。安放时必须小心轻放，避免因测量面划伤而损坏水平仪和造成不应有的测量误差。用水平仪测量工件的垂直面时，不能握住与副测面相对的部位，而用力向工件垂直平面推压，这样会因水平仪的受力变形，影响测量的准确性。正确的测量方法是手握持副测面内侧，使水平仪平稳、垂直地（调整气泡位于中间位置）贴在工件的垂直平面上，然后从纵向水准读出气泡移动的格数。

（3）注意事项　水平仪属于量具，包装要求严格。每只水平仪应装于发泡材料制成的防振盒中，装盒之前应涂以防锈油并装在塑料袋中。防振盒再装入坚固的纸箱或木箱中，箱外刷有规定的标记。水平仪应存放在干燥、通风、无腐蚀气体的库房内，搬运中严防摔碰及雨淋。

2. 水平仪的使用

水平仪是测量偏离水平面的倾斜角的角度测量仪。水平仪的关键部位——主气泡管的内表面进行过抛光，气泡管的外表面刻有刻度，在内部充以液体和气泡。主气泡管备有气

泡室，用来调整气泡的长度。气泡管总是对底面保持水平，但在使用期间很有可能变化，为此，设置了调节螺钉。

1）测量前，应认真清洁测量面，检查测量表面是否有划伤、锈蚀、毛刺等缺陷。

2）检查零位是否正确。如果不准，应对可调式水平仪进行调整，调整方法如下：将水平仪放在平板上，读出气泡管的刻度，这时在平板的平面同一位置上，再将水平仪左右反转180°，然后读出气泡管的读数。若读数相同，则水平仪的底面和气泡管平行，若读数不一致，则使用备用的调整针，插入调整孔后，进行上下调整。

将水平仪放置在相对水平的平台上（不能超出水平表的量程）一个固定的位置，记住水平表的气泡的左端或右端的读数，然后将水平表旋转180°，然后看水平表左端或右端的读数，如果与之前相同，则可以直接使用。否则就要通过调整旋钮来反复调整水平表，使之旋转180°，之后两头的读数相同即可。

下面是水平仪的两种情况：

① 调整平台是水平的情况下。气泡在中间，表明水平仪已经调好，如图 4-2 所示。

② 调整平台是有一定倾斜的情况下。如果反转180°，读数仍然一样，表明水平仪已经调好，如图 4-3 所示。

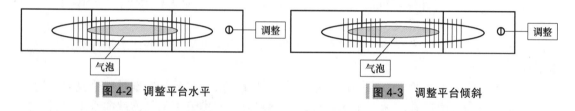

图 4-2　调整平台水平　　　　　图 4-3　调整平台倾斜

3）测量时，应尽量避免温度的影响，水准器内液体对温度影响变化较大，因此，应注意手热、阳光直射、哈气等因素对水平仪的影响。

4）使用中，应在垂直于水准器的位置上进行读数，以减少视差对测量结果的影响。

二、水平调整方法

1. 静止水平调整

1）机床吊装以后，将机床放置在随机床携带的水平垫块上面。

2）取两个水平仪，按上面的方法调整好水平仪，成丁字形放在工作台面的中间部位，如图 4-4 所示。

3）机床床身（BED）上有 6 个位置，刚开始的时候先调整 1、3、4、6 这四个螺栓，使水平仪的气泡于图 4-5 所示的中央位置，把这个位置定为零，如果气泡往左移动一个格，则记为"$\xleftarrow{20}$"，反之一样，如图 4-5 所示。

如果检测结果是图 4-6a 所示的情况，则应该调整 1、3、4 这三个位置，使这三个点向上抬，1 的调整幅度最大，3、4 则稍小。而如果是图 4-6b 所示的情况，则应该和图 4-6a 所示情况的调整方法是相反的，调整 3、4、6 这三个位置的螺栓。

而如果是图 4-6c 所示的情况，则应该调整 1、3、6 这三个位置；如果是图 4-6d 所示的情况，则调整 1、4、6 这三个位置，方法和上述相同。

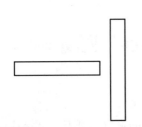

图 4-4 丁字形放置两个水平仪

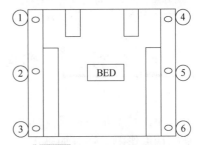

图 4-5 机床床身检测位置

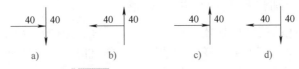

图 4-6 水平仪检测的几种结果

最终把两个数值调到 20 以内即可，然后把中间的 2、5 两个螺栓拧上，使之与 1、3、4、6 这几个螺栓受力相同，同时确保水平仪气泡读数在 20 以内。

2. 移送水平调整

移送水平是在静止水平调出来的情况下才进行的更精细、更精确的水平调整，可以确保机床的床身是在不扭曲的状态下工作，增加机床的稳定性。图 4-7 所示是机床移送水平调整理想值。

调整方法：

1）将水平仪放在工作台中间处，并将 X、Y 方向的水平设为"0"，如图 4-8 所示。

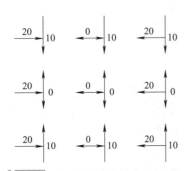

图 4-7 机床移送水平调整理想值

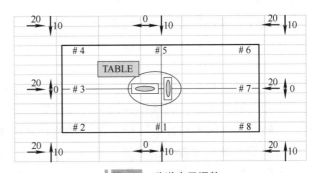

图 4-8 移送水平调整

2）移送工作台并测定图 4-8 中 9 个点的水平值（图中标示的值是最理想的数值情况）。

3）粗调：机床放置后，调整水平让 9 个位置的受力一致。

4）反复调整测定将水平情况调到图 4-8 所示的情况。

数值观察方法：对 2、3、4 点的 X 方向水平值进行比较调整；对 6、7、8 点的 X 方向水平值进行比较调整；对 4、5、6 点的 Y 方向水平值进行比较调整；对 2、1、8 点的 Y 方向水平值进行比较调整。

学习任务二　智能装备车削机床几何精度检测

机床的加工精度是衡量机床性能的一项重要指标。影响机床加工精度的因素很多,有机床本身的精度影响,还有加工工艺变化、加工中产生的振动、机床的磨损以及刀具磨损等因素的影响。在上述各因素中,机床本身的精度是一个重要的因素。

一、智能装备车削机床几何精度的概念

智能装备车削机床的精度包括几何精度、传动精度、定位精度以及工作精度等,不同类型的机床对这些方面的要求不一样。智能装备车削机床的几何精度,是指车床在不工作的情况下,对车床工作精度有直接影响的零部件本身及其相互位置的几何精度。属于这类精度的有:车床溜板移动的直线性及与其他表面间相互的平行度;车床主轴的径向圆跳动和轴向窜动,及其中心线与溜板移动方向的平行度;主轴锥孔中心线对机床导轨的平行度等。例如在车床上车削圆柱面,其圆柱度主要取决于工件旋转轴线的稳定性、车刀刀尖移动轨迹的直线度以及刀尖运动轨迹与工件旋转轴线之间的平行度,即主要取决于车床主轴与刀架的运动精度以及刀架运动轨迹相对于主轴的位置精度。

车床几何精度检测,又称静态精度检测,是综合反映车床关键零部件经组装后的综合几何形状误差。智能装备车削机床的几何精度的检测工具和检测方法类似于普通车床,但检测要求更高。

二、检测几何精度的意义

1. 确保车床高精度和整体性能

几何精度是车床精度的基础。只有几何精度好的车床,才可能具有良好的性能和高精度。几何精度差的车床,无论控制系统如何先进,车床的精度和性能都会大打折扣。所以在车床安装调试与验收的过程中,一定要严格检测每一项几何精度。许多零件出现质量问题,排除其他原因后,应该检测相关的几何精度,确保车床几何精度在正常范围以内。同时,正确的检测结果对分析质量问题的原因具有指导作用。

2. 保证车床始终处于正常加工状态

车床在加工中,由于受到负载、热、振动、地基沉降等外界因素的影响,车床部件可能产生变形,相互之间的关系也可能发生变化,定期检测几何精度并及时进行调整,就可以使车床始终处于良好的加工状态。

三、智能装备车削机床几何精度检测

1. 主轴端部检测

1)将千分表安装在磁性表座上并吸附在工作台上,表针接触并垂直压在主轴圆锥面上,压下至少一圈然后锁紧磁性表座,将千分表对零,如图4-9中 *A* 所示。

2)旋转主轴进行读数。图4-9中 *A* 处公差允许范围为≤0.005mm。

3）表针接触并垂直压在主轴端面上，压下至少一圈然后锁紧磁性表座，将千分表对零，如图 4-9 中 B 所示。

4）旋转主轴进行读数。图 4-9 中 B 处公差允许范围为 ≤0.005mm。

2. 主轴定位孔的径向圆跳动检测

1）将杠杆千分表安装在磁性表座上并吸附在工作台上，表针接触并垂直压在主轴最下沿的内壁锥面上，压下至少一圈然后锁紧磁性表座，将千分表对零，如图 4-10 所示。

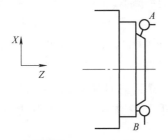

图 4-9　主轴端部检测

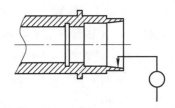

图 4-10　主轴定位孔的径向圆跳动检测

2）旋转主轴进行读数。图 4-10 中公差允许范围为 ≤0.008mm。

3. 主轴锥孔线的径向圆跳动检测

1）主轴检验棒装在主轴上，千分表安装在磁性表座上并吸附在工作台上，千分表接触靠近主轴端部检验棒的一端，压下至少一圈然后锁紧磁性表座，将千分表对零，如图 4-11 中 A 所示。

2）旋转主轴进行读数。图 4-11 中 A 处靠近主轴端部时，公差范围为 ≤0.010mm。

3）千分表接触距主轴端部 300mm 处检验棒的一端，压下至少一圈然后锁紧磁性表座，将千分表对零，如图 4-11 中 B 所示。

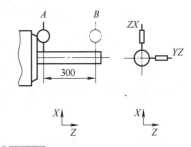

图 4-11　主轴锥孔线的径向圆跳动检测

4）旋转主轴进行读数，转动至少 2 圈。图 4-11 中 B 处距离主轴端部 300mm 时，公差范围为 ≤0.015mm。

> **注意：** 对于该项检测，在一次检测完成后，需拔出检验棒，使其相对主轴旋转 90° 重新插入，至少重复检验 4 次，偏差以测量结果的平均值计。

4. 主轴顶尖的跳动检测

1）主轴顶尖装在主轴上，千分表安装在磁性表座上并吸附在工作台上，千分表接触靠近主轴端部检验棒的一端，压下至少一圈然后锁紧磁性表座，将千分表对零，如图 4-12 所示。

2）旋转主轴进行读数。图 4-12 中公差允许范围为 ≤0.015mm。

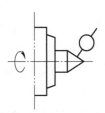

图 4-12　主轴顶尖的跳动检测

5. Z轴运动对主轴轴线的平行度检测

1）主轴检验棒装在主轴上，将千分表安装在磁性表座上并吸附在工作台上，表针接触并垂直压在主轴检验棒面上（在ZX平面内测量），压下至少一圈然后锁紧磁性表座，将千分表对零，如图4-13中A所示。

2）移动Z轴并进行读数。图4-13中A处公差允许范围为≤0.010mm。

3）将千分表安装在磁性表座上并吸附在工作台上，表针接触并垂直压在主轴检验棒面上（在YZ平面内测量），压下至少一圈然后锁紧磁性表座，将千分表对零，如图4-13中B所示。

4）移动Z轴并进行读数。图4-13中B处公差允许范围为≤0.010mm。

6. 主轴轴线对X轴线在ZX平面内运动的垂直度检测

1）将千分表安装在磁性表座上并吸附在刀塔上，靠近刀具位置，表针接触并垂直压在主轴端面上，压下至少一圈然后锁紧磁性表座，将千分表对零，如图4-14所示。

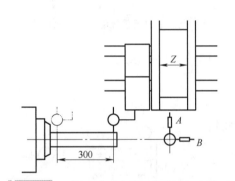

图 4-13　Z轴运动对主轴轴线的平行度检测

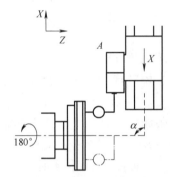

图 4-14　主轴轴线对X轴线在ZX平面内运动的垂直度检测

2）移动X轴并进行读数。图4-14中公差允许范围为≤0.015mm。

3）完成一次测量后主轴回转180°，进行第二次测量。

4）应在X轴线的若干位置上进行测量，偏差以测量读数平均值的最大差值计。

7. 尾座套筒运动对床鞍Z轴运动的平行度检测

1）将千分表安装在磁性表座上并吸附在刀塔上，靠近刀具位置，表针接触并垂直压在尾座套筒面上，压下至少一圈然后锁紧磁性表座，将千分表对零，如图4-15中A所示。

2）套筒全部伸出并重新锁紧，移动床鞍使检测头触及先前测量的位置，记录千分表读数。图4-15中A处公差：在套筒伸出长度为100mm时，在ZX平面内允许范围为≤0.015mm。

3）表针接触并垂直压在尾座套筒面上，压下至少一圈然后锁紧磁性表座，将千分表对零，如图4-15中B所示。

4）移动床鞍使检测头触及先前测量的位置上，记录千分表读数。图4-15中B处公差：在套筒伸出长度为100mm时，在YZ平面内允许范围为≤0.020mm。

8. Z轴运动对车削轴线的平行度检测

1）旋转检验棒安装在主轴顶尖与尾座顶尖之间，将千分表安装在磁性表座上并吸附在刀塔上,靠近刀具位置,表针接触并垂直压在旋转检验棒面上,压下至少一圈然后锁紧磁性表座,将千分表对零,如图 4-16 中 A 所示。

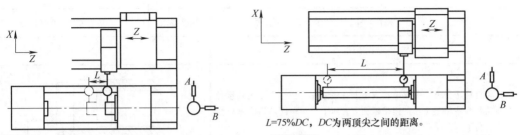

图 4-15 尾座套筒运动对床鞍 Z 轴运动的平行度检测　　图 4-16 Z 轴运动对车削轴线的平行度检测

$L=75\%DC$,DC 为两顶尖之间的距离。

2)移动 Z 轴并进行读数。图 4-16 中 A 处公差:在 ZX 平面内允许范围为≤0.010mm。

3)将表针接触并垂直压在旋转检验棒面上,压下至少一圈然后锁紧磁性表座,将千分表对零,如图 4-16 中 B 所示。

4)移动 Z 轴并进行读数。图 4-16 中 B 处公差:在 YZ 平面内允许范围为≤0.020mm。

基于以上智能装备车削机床几何精度检测的步骤,在 YL-569 型车床上进行实操,并将测量结果填写到表 4-1 中。

表 4-1　智能装备车削机床几何精度检测表

检验项目	主轴端部检测(定心轴颈的径向圆跳动)	表　号	1
工　具	磁性表座、千分表、橡胶锤	精度要求	最大差值≤0.005mm
过程描述		配图	
1.将千分表安装在磁性表座上并吸附在工作台上,表针接触并垂直压在主轴圆锥面上,压下至少一圈然后锁紧磁性表座,将千分表对零(如右图中 A 所示) 2.旋转主轴进行读数			
实测误差		合格□　不合格□	
检验项目	主轴端部检测(主轴轴向圆跳动)	表　号	2
工　具	磁性表座、千分表、橡胶锤	精度要求	最大差值≤0.005mm
过程描述		配图	
1.将千分表安装在磁性表座上并吸附在工作台上,表针接触并垂直压在主轴圆锥面上,压下至少一圈然后锁紧磁性表座,将千分表对零(如右图中 B 所示) 2.旋转主轴进行读数			
实测误差		合格□　不合格□	

(续)

检验项目	主轴定位孔的径向圆跳动检测	表 号	3
工 具	磁性表座、杠杆千分表、橡胶锤	精度要求	最大差值≤0.008mm
过程描述		配图	

1. 将杠杆千分表安装在磁性表座上并吸附在工作台上,表针接触并垂直压在主轴最下沿的内壁锥面上,压下至少一圈然后锁紧磁性表座,将千分表对零
2. 旋转主轴进行读数

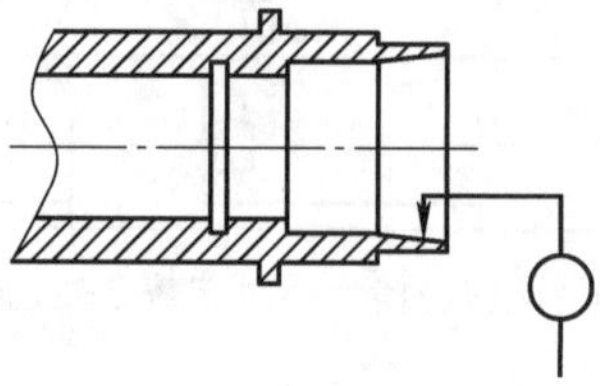

实测误差		合格□ 不合格□

检验项目	主轴锥孔线的径向圆跳动检测	表 号	4
工 具	主轴检验棒、磁性表座、千分表、橡胶锤	精度要求	图中 A 在 ZX 平面和 YZ 平面内,最大差值≤0.010mm 图中 B 在 ZX 平面和 YZ 平面内,最大差值≤0.015mm
过程描述		配图	

1. 主轴检验棒装在主轴上,千分表安装在磁性表座上并吸附在工作台上,千分表接触靠近主轴端部检验棒的一端,压下至少一圈然后锁紧磁性表座,将千分表对零(如右图中 A 所示)
2. 旋转主轴进行读数
3. 千分表接触距主轴端部300mm处检验棒的一端并压下至少一圈,然后锁紧磁性表座,将千分表对零(如右图中 B 所示)
4. 旋转主轴进行读数,转动至少2圈

注意: 对于该项检测,在一次检测完成后,需拔出检验棒,使其相对主轴旋转90°重新插入,至少重复检验4次,偏差以测量结果的平均值计

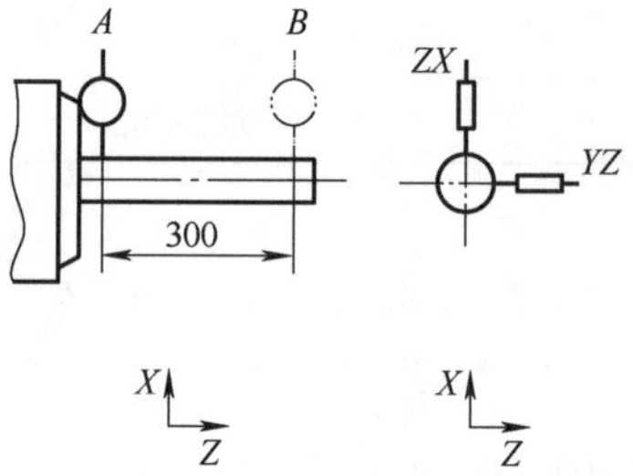

实测误差		合格□ 不合格□

检验项目	主轴顶尖的跳动检测	表 号	5
工 具	主轴顶尖、磁性表座、千分表、橡胶锤	精度要求	最大差值≤0.015mm
过程描述		配图	

1. 主轴顶尖装在主轴上,千分表安装在磁性表座上并吸附在工作台上,千分表接触靠近主轴端部检验棒的一端,压下至少一圈,然后锁紧磁性表座,将千分表对零
2. 旋转主轴进行读数

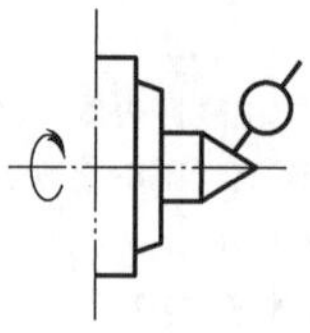

实测误差		合格□ 不合格□

（续）

检验项目	Z轴运动对主轴轴线的平行度检测	表 号	6
工 具	主轴检验棒、磁性表座、千分表、橡胶锤	精度要求	图中 A 在 ZX 平面内，最大差值≤0.010mm 图中 B 在 YZ 平面内，最大差值≤0.010mm
过程描述		配图	

1. 主轴检验棒装在主轴上，将千分表安装在磁性表座上并吸附在工作台上，表针接触并垂直压在主轴检验棒面上（在 ZX 平面内测量），压下至少一圈然后锁紧磁性表座，将千分表对零（如右图中 A 所示） 2. 移动 Z 轴并进行读数 3. 将千分表安装在磁性表座上并吸附在工作台上，表针接触并垂直压在主轴检验棒面上（在 YZ 平面内测量），压下至少一圈然后锁紧磁性表座，将千分表对零 4. 移动 Z 轴并进行读数	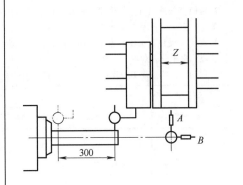

实测误差			合格□ 不合格□

检验项目	主轴轴线对 X 轴线在 ZX 平面内运动的垂直度检测	表 号	7
工 具	磁性表座、千分表、橡胶锤	精度要求	最大差值≤0.015mm
过程描述		配图	

1. 将千分表安装在磁性表座上并吸附在刀塔上，靠近刀具位置，表针接触并垂直压在主轴端面上，压下至少一圈然后锁紧磁性表座，将千分表对零 2. 移动 X 轴并进行读数 3. 完成一次测量后主轴回转 180° 进行第二次测量 4. 应在 X 轴线的若干位置上进行测量，偏差以测量读数平均值的最大差值计	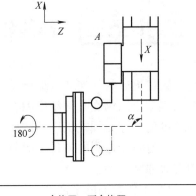

实测误差			合格□ 不合格□

(续)

检验项目	尾座套筒运动对床鞍 Z 轴运动的平行度检测	表 号	8
工 具	磁性表座、千分表、橡胶锤	精度要求	图中 A 在套筒伸出长度为 100mm 时 ZX 平面内,最大差值≤0.015mm 图中 B 在套筒伸出长度为 100mm 时 YZ 平面内,最大差值≤0.020mm
过程描述		配图	
1. 将千分表安装在磁性表座上并吸附在刀塔上,靠近刀具位置,表针接触并垂直压在尾座套筒面上,压下至少一圈然后锁紧磁性表座,将千分表对零 2. 套筒全部伸出并重新锁紧,移动床鞍使检测头触及先前测量的位置上,记录千分表读数 3. 表针接触并垂直压在尾座套筒面上,压下至少一圈然后锁紧磁性表座,将千分表对零 4. 移动床鞍使检测头触及先前测量的位置,记录千分表读数			
实测误差		合格□ 不合格□	
检验项目	Z 轴运动对车削轴线的平行度检测	表 号	9
工 具	旋转检验棒、磁性表座、千分表、橡胶锤	精度要求	图中 A 在 ZX 平面内,最大差值≤0.010mm 图中 B 在 YZ 平面内,最大差值≤0.020mm
过程描述		配图	
1. 旋转检验棒安装在主轴顶尖与尾座顶尖之间,将千分表安装在磁性表座上并吸附在刀塔上,靠近刀具位置,表针接触并垂直压在旋转检验棒面上,压下至少一圈后锁紧磁性表座,将千分表对零 2. 移动 Z 轴并进行读数 3. 将表针接触并垂直压在旋转检验棒面上,压下至少一圈然后锁紧磁性表座,将千分表对零 4. 移动 Z 轴并进行读数		注:L=75%DC,DC 为两顶尖之间的距离。	
实测误差		合格□ 不合格□	

学习任务三 智能装备铣削机床(加工中心)几何精度检测

数控机床的几何精度综合反映了该机床的各关键零部件及其组装后的几何形状误差,因为在几何精度中有些项目是相互联系、相互影响的,所以机床几何精度的检测必须在机床精调后一次完成,不允许调整一项检测一项。

几何精度检测的项目一般包括直线度、平面度、平行度等。如加工中心几何精度检测的内容通常包括:

1) 工作台面的平面度。

2) 各坐标轴方向移动的相互垂直度。

3) X、Y 轴坐标方向移动时工作台面的平行度。

4）主轴的轴向窜动。

5）主轴孔的径向圆跳动。

6）主轴箱沿 Z 坐标方向移动时与主轴轴线的平行度。

7）主轴回转轴线对工作台面的垂直度。

8）主轴箱在 Z 坐标方向移动的直线度。

一、智能装备铣削机床（加工中心）线性运动直线度检测

公差要求：当移动距离 $X \leq 500$mm 时，允许范围为 ≤ 0.010mm；局部公差：任意 300mm 测量长度内，允许范围为 ≤ 0.007mm。

1. X 轴线运动直线度检测

1）用抹布将工作台面及大理石平尺擦拭干净。将垫块擦拭干净沿着 X 轴方向放置在工作台面，平尺放置在垫块上，如图 4-17 所示。

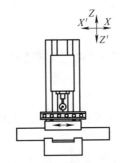

图 4-17　ZX 垂直平面内的 X 轴线运动直线度检测

2）将磁性表座吸在主轴箱上，表针垂直压在平尺的上基准面上。

3）移动 X 轴，调整垫块高度，使平尺上基准面平行于 X 轴线（平尺两端对零），检测在 ZX 垂直平面内的直线度。

4）将平尺放倒，检测面与工作台面成 90°，检测在 XY 水平面内的直线度，如图 4-18 所示。

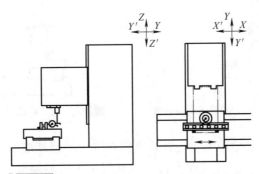

图 4-18　XY 水平面内的 X 轴线运动直线度检测

2. Y 轴线运动直线度检测

1）用抹布将工作台面及大理石平尺擦拭干净。将垫块擦拭干净沿着 Y 轴方向放置在

工作台面，平尺放置在垫块上，如图 4-19 所示。

2）将磁性表座吸在主轴箱上，表针垂直压在平尺的上基准面上。

3）移动 Y 轴，调整垫块高度，使平尺上基准面平行于 Y 轴线（平尺两端对零），检测在 ZY 垂直平面内的直线度。

4）将平尺放倒，检测面与工作台面成 90°，检测在 XY 水平面内的直线度，如图 4-20 所示。

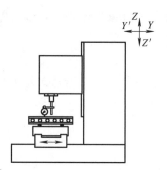

图 4-19　ZY 垂直平面内的 Y 轴线运动直线度检测

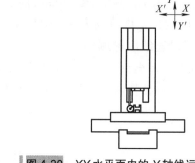

图 4-20　XY 水平面内的 Y 轴线运动直线度检测

3. Z 轴线运动直线度检测

1）用抹布将工作台面及大理石方尺擦拭干净，大理石方尺沿着 X 轴方向放置在工作台面，如图 4-21 所示。

2）将磁性表座吸在主轴箱上，表针垂直压在方尺的上基准面上。

3）移动 Z 轴，使方尺上基准面平行于 Z 轴线（平尺两端对零），检测在 ZX 垂直平面内的直线度。

4）将方尺沿着 Y 轴方向放置在工作台面上，如图 4-22 所示。

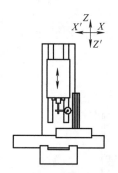

图 4-21　ZX 垂直平面内的 Z 轴线运动直线度

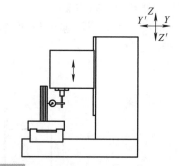

图 4-22　ZY 垂直平面内的 Z 轴线运动直线度

5）将磁力表座吸在主轴箱上，表针垂直压在方尺的上基准面上。

6）移动 Z 轴，使方尺上基准面平行于 Z 轴线（平尺两端对零），检测在 ZY 垂直平面内的直线度。

基于以上智能装备铣削机床（加工中心）线性运行直线度检测的步骤，在 YL-569 型加工中心上进行实操，并将测量结果填写到表 4-2 中。

表 4-2　线性运行直线度检测表

检验项目	X轴线运动的直线度 （ZX垂直平面）	表　号	1
工　具	大理石平尺、磁性表座、圆头千分表、橡胶锤	精度要求	最大差值≤0.01mm
过程描述		配图	
1. 大理石平尺与X轴轴线平行，竖向放置在工作台中间，千分表安装在磁性表座上并吸附在主轴箱上，主轴要定向锁紧，千分表接触平尺上平面的一端并压下至少一圈，然后锁紧磁性表座，将千分表对零 2. 移动X轴到另一方向，进行读数			
实测误差		合格□　不合格□	
检验项目	X轴线运动的直线度 （XY水平平面）	表　号	2
工　具	大理石平尺、磁性表座、圆头千分表、橡胶锤	精度要求	最大差值≤0.01mm
过程描述		配图	
1. 大理石平尺与X轴轴线平行，横向放置在工作台中间，千分表安装在磁性表座上并吸附在主轴箱上，千分表接触平尺侧平面的一端并压下至少一圈，然后锁紧磁性表座，将千分表对零 2. 移动X轴将平尺两端调整为零，然后移动X轴全行程进行读数			
实测误差		合格□　不合格□	
检验项目	Y轴线运动的直线度 （ZY垂直平面）	表　号	3
工　具	大理石平尺、磁性表座、圆头千分表、橡胶锤	精度要求	最大差值≤0.01mm
过程描述		配图	
1. 大理石平尺与Y轴轴线平行，竖向放置在工作台中间，千分表安装在磁性表座上并吸附在主轴箱上，千分表接触平尺上平面的一端并压下至少一圈，然后锁紧磁性表座，将千分表对零 2. 移动Y轴到另一方向，进行读数			
实测误差		合格□　不合格□	

（续）

检验项目	Y 轴线运动的直线度 （XY 水平平面）	表　号	4
工　具	大理石平尺、磁性表座、圆头千分表、橡胶锤	精度要求	最大差值≤0.01mm
过程描述		配图	

1. 大理石平尺与 Y 轴轴线平行，横向放置在工作台中间，千分表安装在磁性表座上并吸附在主轴箱上，千分表接触平尺侧平面的一端并压下至少一圈，然后锁紧磁性表座，将千分表对零
2. 移动 Y 轴将平尺两端调整为零，然后移动 Y 轴全行程进行读数

实测误差		合格□　不合格□

检验项目	Z 轴线运动的直线度 （ZY 垂直平面）	表　号	5
工　具	大理石方尺、磁性表座、圆头千分表	精度要求	最大差值≤0.01mm
过程描述		配图	

1. 大理石方尺与 X 轴轴线平行，竖向放置在工作台中间，千分表安装在磁性表座上并吸附在主轴箱上，千分表接触方尺平面的一端并压下至少一圈，然后锁紧磁性表座，将千分表对零
2. 移动 Z 轴到另一方向，进行读数

实测误差		合格□　不合格□

检验项目	Z 轴线运动的直线度 （ZX 垂直平面）	表　号	6
工　具	大理石方尺、磁性表座、圆头千分表	精度要求	最大差值≤0.01mm
过程描述		配图	

1. 大理石方尺与 Y 轴轴线平行，横向放置在工作台中间，千分表安装在磁性表座上并吸附在主轴箱上，千分表接触方尺平面的一端并压下至少一圈，然后锁紧磁性表座，将千分表对零
2. 移动 Z 轴到另一方向，进行读数

实测误差		合格□　不合格□

二、智能装备铣削机床（加工中心）工作台运动平行度检测

1. 工作台面和 X 轴线运动间的平行度检测

1）用抹布将工作台面、等高块及大理石平尺擦拭干净。

2）工作台移动到中间位置，将等高块沿着 X 轴方向摆放，大理石平尺放于等高块上，如图 4-23 所示。

3）将磁性表座吸在主轴箱上，千分表触头垂直压在平尺基准面上。

4）移动 X 轴，从一端到另一端，表针反映的数值就是工作台面和 X 轴线运动间的平行度。公差要求：当移动距离 X≤500mm 时，允许范围为 ≤0.020mm。

2. 工作台面和 Y 轴线运动间的平行度检测

1）工作台移动到中间位置，将等高块沿着 Y 轴方向摆放，大理石平尺放于等高块上，如图 4-24 所示。

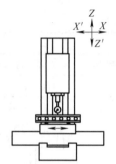
图 4-23　工作台面和 X 轴线运动间的平行度检测

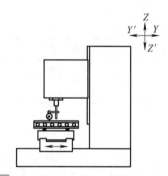
图 4-24　工作台面和 Y 轴线运动间的平行度检测

2）将磁性表座吸在主轴箱上，千分表触头垂直压在平尺基准面上。

3）移动 Y 轴，从一端到另一端，表针反应的数值就是工作台面和 Y 轴线运动间的平行度。公差要求：当移动距离 X≤500mm 时，允许范围为 ≤0.020mm。

3. 主轴轴线和 Z 轴线运动间的平行度（YZ 垂直平面）检测

1）主轴检验棒装在主轴上，千分表安装在磁性表座上并吸附在工作台上，千分表平行于 Y 轴轴线，接触检验棒一端并压下至少一圈，然后锁紧磁性表座，将千分表对零，如图 4-25 所示。

2）移动 Z 轴到检验棒的另一端进行读数。公差要求：当移动距离 X≤300mm 时，允许范围为 ≤0.030mm。

4. 主轴轴线和 Z 轴线运动间的平行度（ZX 垂直平面）检测

1）主轴检验棒装在主轴上，千分表安装在磁性表座上并吸附在工作台上，千分表平行于 Y 轴轴线，接触检验棒一端并压下至少一圈，然后锁紧磁性表座，将千分表对零，如图 4-26 所示。

2）移动 Z 轴到检验棒的另一端进行读数。公差要求：当移动距离 X≤300mm 时，允许范围为 ≤0.020mm。

基于以上智能装备铣削机床（加工中心）工作台运动平行度检测的步骤，在YL-569型加工中心上进行实操，并将测量结果填写到表4-3中。

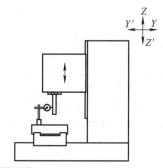

图4-25　主轴轴线和Z轴线运动间的平行度（YZ垂直平面）检测

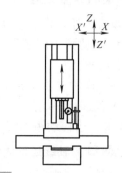

图4-26　主轴轴线和Z轴线运动间的平行度（ZX垂直平面）检测

表4-3　工作台运动的平行度检测表

检验项目	工作台面和X轴线运动间的平行度	表　号	7
工　具	大理石平尺、磁性表座、圆头千分表	精度要求	最大差值≤0.02mm/500mm
过程描述		配图	
1.大理石平尺与X轴轴线平行，竖向放置在工作台中间，千分表安装在磁性表座上并吸附在主轴箱上，千分表接触平尺上平面的一端并压下至少一圈，然后锁紧磁性表座，将千分表对零 2.移动X轴到另一方向，进行读数			
实测误差		合格□　不合格□	
检验项目	工作台面和Y轴线运动间的平行度	表　号	8
工　具	大理石平尺、磁性表座、圆头千分表	精度要求	最大差值≤0.02mm/500mm
过程描述		配图	
1.大理石平尺与Y轴轴线平行，竖向放置在工作台中间，千分表安装在磁性表座上并吸附在主轴箱上，千分表接触平尺上平面的一端并压下至少一圈，然后锁紧磁性表座，将千分表对零 2.移动Y轴到另一方向，进行读数			
实测误差		合格□　不合格□	

(续)

检验项目	主轴轴线和 Z 轴线运动间的平行度 （YZ 垂直平面）	表　号	9
工　具	主轴检验棒、磁性表座、圆头千分表	精度要求	≤0.03mm/300mm
过程描述		配图	

1. 主轴检验棒装在主轴上，千分表安装在磁性表座上并吸附在工作台上，千分表平行于 Y 轴轴线，接触检验棒一端并压下至少一圈，然后锁紧磁性表座，将千分表对零
2. 移动 Z 轴到检验棒的另一端进行读数

实测误差		合格□　不合格□

检验项目	主轴轴线和 Z 轴线运动间的平行度 （ZX 垂直平面）	表　号	10
工　具	主轴检验棒、磁性表座、圆头千分表	精度要求	≤0.02mm/300mm
过程描述		配图	

1. 主轴检验棒装在主轴上，千分表安装在磁性表座上并吸附在工作台上，千分表平行于 Y 轴轴线，接触检验棒一端并压下至少一圈，然后锁紧磁性表座，将千分表对零
2. 移动 Z 轴到检验棒的另一端进行读数

实测误差		合格□　不合格□

三、线性运动间垂直度检测

公差要求：当移动距离 X≤500mm 时，允许范围为≤0.020mm。

1. Z 轴线与 X 轴线运动间的垂直度检测

1）大理石平尺与 X 轴轴线平行，竖向放置在工作台中间，千分表安装在磁性表座上并吸附在主轴箱上，千分表接触平尺上平面的一端并压下至少一圈，然后锁紧磁性表座，将千分表对零，如图 4-27 所示。

2）移动 X 轴到另一方向，进行读数。

3）大理石角尺垂直于大理石平尺，与 Z 轴轴线平行，千分表与 X 轴轴线平行后接触角尺平面的一端并压下至少一圈，然后锁紧磁性表座，将千分表对零，如图 4-28 所示。

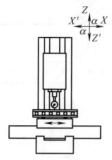
图 4-27　X 轴线方向与 Z 轴线运动垂直度检测

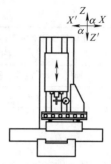
图 4-28　Z 轴线方向与 X 轴线运动垂直度检测

4）移动 Z 轴到另一方向，进行读数。

2. Z 轴线与 Y 轴线运动间的垂直度检测

1）大理石平尺与 Y 轴轴线平行，竖向放置在工作台中间，千分表安装在磁性表座上并吸附在主轴箱上，千分表接触平尺上平面的一端并压下至少一圈，然后锁紧磁性表座，将千分表对零，如图 4-29 所示。

2）移动 Y 轴到另一方向，进行读数。

3）大理石角尺垂直于大理石平尺，与 Z 轴轴线平行，千分表与 Y 轴轴线平行后接触角尺平面的一端并压下至少一圈，然后锁紧磁性表座，将千分表对零，如图 4-30 所示。

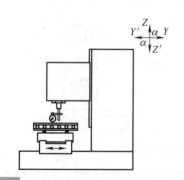
图 4-29　Y 轴线方向与 Z 轴线运动垂直度检测

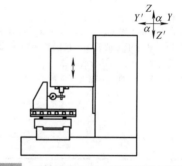
图 4-30　Z 轴线方向与 Y 轴线运动垂直度检测

4）移动 Z 轴到另一方向，进行读数。

3. X 轴线和 Y 轴线运动间的垂直度检测

1）大理石平尺与 X 轴轴线平行，横向放置在工作台中间，千分表安装在磁性表座上并吸附在主轴箱上，千分表接触平尺侧平面的一端并压下至少一圈，然后锁紧磁性表座，将千分表对零，如图 4-31 所示。

2）移动 X 轴将平尺两端调整为零，然后移动 X 轴全行程进行读数，如图 4-32 所示。

3）大理石角尺垂直于大理石方尺，与 Y 轴轴

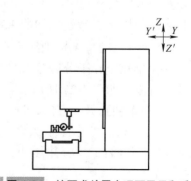
图 4-31　按要求放置大理石平尺和千分表

线平行，千分表与 X 轴轴线平行后接触角尺平面的一端并压下至少一圈，然后锁紧磁性表座，将千分表对零，如图 4-33 所示。

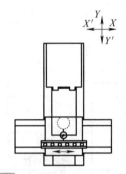

图 4-32 移动 X 轴全行程读数并检测

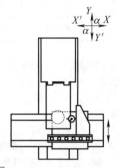

图 4-33 按要求放置大理石角尺并检测

4）移动 Y 轴到另一方向，进行读数。基于以上智能装备铣削机床（加工中心）线性运动间垂直度检测的步骤，在 YL-569 型加工中心上进行实操，并将测量结果填写到表 4-4 中。

表 4-4 线性运动间的垂直度检测表

检验项目	Z 轴线与 X 轴线运动间的垂直度	表　　号	11
工　　具	大理石平尺、大理石角尺、磁性表座、圆头千分表	精度要求	≤0.02mm/500mm
过程描述		配图	
1.大理石平尺与 X 轴轴线平行，竖向放置在工作台中间，千分表安装在磁性表座上并吸附在主轴箱上，千分表接触平尺上平面的一端并压下至少一圈，然后锁紧磁性表座，将千分表对零，见右图 a 2.移动 X 轴到另一方向，进行读数 3.大理石角尺垂直于大理石平尺与 Z 轴轴线平行，千分表与 X 轴轴线平行接触角尺平面的一端并压下至少一圈，然后锁紧磁性表座，将千分表对零，见右图 b 4.移动 Z 轴到另一方向，进行读数		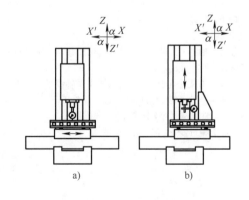 a)　　　　b)	
实测误差		合格□　不合格□	

(续)

检验项目	Z轴线与Y轴线运动间的垂直度	表　号	12
工　具	大理石平尺、大理石角尺、磁性表座、圆头千分表	精度要求	≤0.02mm/500mm
过程描述			配图

1. 大理石平尺与Y轴轴线平行，竖向放置在工作台中间，千分表安装在磁性表座上并吸附在主轴箱上，千分表接触平尺上平面的一端并压下至少一圈，然后锁紧磁性表座，将千分表对零，见右图 a
2. 移动Y轴到另一方向，进行读数
3. 大理石角尺垂直于大理石平尺与Z轴轴线平行，千分表与Y轴轴线平行接触角尺平面的一端并压下至少一圈，然后锁紧磁性表座，将千分表对零，见右图 b
4. 移动Z轴到另一方向，进行读数

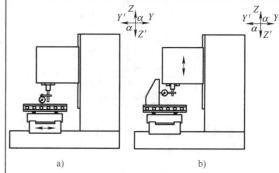

a)　　　　b)

实测误差			合格□　不合格□
检验项目	X轴线和Y轴线运动间的垂直度	表　号	13
工　具	大理石平尺、大理石角尺、磁性表座、圆头千分表	精度要求	≤0.02mm/500mm
过程描述			配图

1. 大理石平尺与X轴轴线平行，横向放置在工作台中间，千分表安装在磁性表座上并吸附在主轴箱上，千分表接触平尺侧平面一端并压下至少一圈，然后锁紧磁性表座，将千分表对零，见右图 a
2. 移动X轴将平尺两端调整为零，然后移动X轴全行程进行读数，见右图 b
3. 大理石角尺垂直于大理石方尺与Y轴轴线平行，千分表与X轴轴线平行接触角尺平面的一端并压下至少一圈，然后锁紧磁性表座，将千分表对零，见右图 c
4. 移动Y轴到另一方向，进行读数

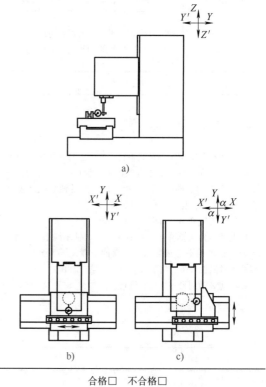

a)

b)　　　　c)

实测误差			合格□　不合格□

四、主轴精度检测

1. 主轴的周期性轴向窜动检测

1）主轴检验棒装在主轴上,千分表安装在磁性表座上并吸附在工作台上,千分表与 Z 轴轴线平行,顶住钢球并压下至少一圈,然后锁紧磁性表座(如果没有钢球就使用圆头千分表指向主轴锥孔内壁),将千分表对零,如图 4-34 所示。

2）转动主轴进行读数。图 4-34 中公差允许范围为≤0.005mm。

2. 主轴锥孔的径向圆跳动检测

1）主轴检验棒装在主轴上,千分表安装在磁性表座上并吸附在工作台上,千分表接触靠近主轴端部检验棒的一端并压下至少一圈,然后锁紧磁性表座,将千分表对零,如图 4-35 所示。

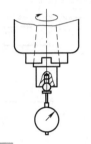

图 4-34 按要求调整好千分表

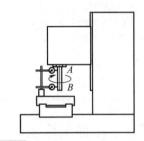

图 4-35 主轴锥孔的径向圆跳动检测

2）旋转主轴进行读数。图 4-35 中 A 靠近主轴端部时,公差范围为≤0.007mm。

3）千分表接触距主轴端部 300mm 处检验棒的一端并压下至少一圈,然后锁紧磁性表座,将千分表对零,如图 4-35 中 B 所示。

4）旋转主轴进行读数,转动至少 2 圈。图 4-35 中 B 距离主轴端部 300mm 时,公差范围为≤0.015mm。

基于以上智能装备铣削机床(加工中心)主轴精度检测的步骤,在 YL-569 型加工中心上进行实操,并将测量结果填写到表 4-5 中。

表 4-5 主轴精度检测表

检验项目	主轴的周期性轴向窜动	表 号	14
工 具	BT30 主轴检验棒、钢球、磁性表座、平头千分表	精度要求	≤0.005mm
过程描述		配图	
1. 主轴检验棒装在主轴上,千分表安装在磁性表座上并吸附在工作台上,千分表与 Z 轴轴线平行,顶住钢球并压下至少一圈,然后锁紧磁性表座,将千分表对零(如果没有钢球就使用圆头千分表指向主轴锥孔内壁) 2. 转动主轴进行读数			
实测误差		合格□ 不合格□	

(续)

检验项目	主轴锥孔的径向圆跳动	表 号	15
工 具	BT30 主轴检验棒、磁性表座、圆头千分表	精度要求	靠近主轴端部≤0.007mm 距离主轴端部 300mm 处≤0.015mm
过程描述		配图	
1. 主轴检验棒装在主轴上，千分表安装在磁性表座上并吸附在工作台上，千分表接触靠近主轴端部检验棒的一端并压下至少一圈，然后锁紧磁性表座，将千分表对零 2. 旋转主轴进行读数 3. 千分表接触距主轴端部 300mm 处检验棒的一端并压下至少一圈，然后锁紧磁性表座，将千分表对零 4. 旋转主轴进行读数，转动至少 2 圈			
实测误差		合格□ 不合格□	

五、工作台平面度检测

公差要求：工作台较短边 $L≤500$mm 时，平面度≤0.020mm；局部公差：任意 300mm 测量长度内允许范围为≤0.012mm。

1）将 X 轴和 Y 轴移动到机床中间位置。

2）将工作台面的 X 和 Y 方向留出一定空间，将剩下的面积进行等分，X 方向跨距间隔为 200mm，Y 方向跨距间隔为 140mm，间隔的距离根据机床实际工作台大小来决定，水平仪与 X 轴轴线平行放置在工作台上，进行读数，如图 4-36 所示。

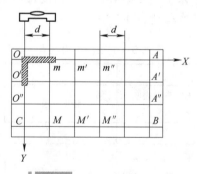

图 4-36 工作台平面度检测

3）水平仪依次移动将所有位置都进行测量读数，建立表格将每个位置的数值进行记录，然后计算具体的平面度误差。

基于以上智能装备铣削机床（加工中心）工作台平面度检测的步骤，在 YL-569 型加工中心上进行实操，并将测量结果填写到表 4-6 中。

表 4-6 工作台的平面度检测表

检验项目	工作台的平面度	表　号	16
工　具	条式水平仪	精度要求	工作台较短边 $L \leqslant 500$mm 时，最大误差 $\leqslant 0.02$mm
过程描述		配图	
1. 将 X 轴和 Y 轴移动到机床中间位置 2. 将工作台面的 X 和 Y 方向留出一定空间，将剩下的面积进行等分，跨距为 X 方向间隔 200mm，Y 方向间隔 140mm，间隔的距离根据机床实际工作台大小来决定，水平仪与 X 轴轴线平行放置在工作台上，进行读数 3. 水平仪依次移动将所有位置都进行测量读数，建立表格将每个位置的数值进行记录，然后进行具体的平面度误差计算			
实测误差		合格□　不合格□	

学习任务四　智能装备机床加工性能检测

智能装备机床的加工精度是衡量机床性能的一项重要指标。在机床加工过程中，由于各种因素的影响，如无切削负荷下，机床本身的制造误差、安装误差和磨损等，会使刀具和工件间的正确位置发生偏移，导致加工零件可能达不到理想的要求。数控机床性能和数控功能直接反映数控机床各项性能指标，并影响智能装备机床运行的正确性和可靠性。

1. 机床性能

机床性能主要包括主轴系统、进给系统、自动换刀系统、电气装置、安全装置、润滑装置、气液装置及附属装置等的性能。

不同类型机床的检验项目有所不同。数控机床性能的检验与普通机床基本一样，主要是通过"耳闻目睹"和试运转，检查各运动部件及辅助装置在起动、停止和运行中有无异常现象及噪声；润滑系统、冷却系统以及各风扇等工作是否正常。

2. 数控功能

数控系统的功能随所配机床类型有所不同，数控功能的检测验收要按照机床配备的数控系统的说明书和订货合同的规定，用手动方式或用程序的方式检测该机床应该具备的主要功能。

数控功能检验的主要内容介绍如下。

1）运动指令功能：检验快速移动指令和直线插补、圆弧插补指令的正确性。

2）准备指令功能：检验坐标系选择、平面选择、暂停、刀具长度补偿、刀具半径补偿、螺距误差补偿、反向间隙补偿、镜像功能、自动加减速、固定循环及用户宏程序等指令的准确性。

3）操作功能：检验回原点、单程序段、程序段跳读、主轴和进给倍率调整、进给保持、紧急停止、主轴和切削液的起动和停止等功能的准确性。

4）CRT显示功能：检验位置显示、程序显示、各菜单显示以及编辑修改等功能的准确性。

只有定期检测机床误差、校正反向间隙等，才可切实改善生产使用中的机床精度，改善零件的加工质量，提高机床利用率。

一、智能装备车床标准样件加工检测

对于智能装备卧式车床，单项加工精度有外圆车削、端面车削和螺纹切削。

1. 外圆车削

外圆车削试件如图4-37所示。

试件材料为45钢，切削速度为100～150m/min，背吃刀量为0.1～0.15mm，进给量小于或等于0.1mm/r，刀片材料M10涂层刀具。试件长度取床身上最大车削直径的1/2，或最大车削长度的1/3，最长为500mm，直径大于或等于长度的1/4。精车后圆度小于0.007mm。直径的一致性在200mm测量长度上小于0.03mm（机床加工直径小于或等于800mm时）。

2. 端面车削

端面车削试件如图4-38所示。

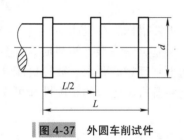

图4-37 外圆车削试件

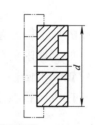

图4-38 端面车削试件

试件材料为灰铸铁，切削速度为100m/min，背吃刀量为0.1～0.15mm，进给量小于或等于0.1mm/r，刀片材料为M10涂层刀具，试件外圆直径最小为最大加工直径的1/2。精车后检验其平面度，在300mm直径上小于0.02mm，只允许凹。

3. 螺纹切削

螺纹切削试件如图4-39所示。

螺纹长度要大于或等于2倍工件直径，但不得小于75mm，一般取80mm。螺纹直径接近Z轴丝杠的直径，螺距不超过Z轴丝杠螺距的一半，可以使用顶尖。精车60°螺纹后，在任意60mm测量长度上螺距累积误差为0.02mm。

4. 综合切削

综合切削试件如图4-40所示。材料为45钢，有轴类和盘类零件，加工对象为阶台、圆锥、凸球、凹球、倒角及割槽等内容，检验项目有圆度、直径尺寸精度及长度尺寸精度等。

项目 四 数控机床安装调试与验收

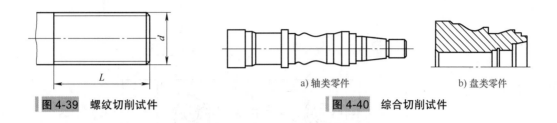

图 4-39　螺纹切削试件　　　　　图 4-40　综合切削试件

二、智能装备铣床（加工中心）标准样件加工检测

智能装备机床精度的检验与验收必须在机床安装地基混凝土完全干固后，按照数控机床精度检测国标进行。机床精度检测包括几何精度检测、定位精度检测和切削精度检测。其中机床切削精度是一项综合精度，它不仅反映机床的几何精度和定位精度，同时还包括了试件的材料、环境温度、刀具性能及切削条件等因素造成的误差。

1. 试切的必要性

试切是指通过试切削的方式，检验零件加工程序是否合理及零件的加工精度是否满足图样要求，最重要的是为了验证机床的精度。无论是手工编程或自动编程，试切流程如图 4-41 所示。

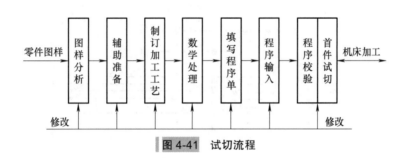

图 4-41　试切流程

2. 试切目的

一是验证零件加工程序的正确性及零件加工后的尺寸是否符合图样要求；二是验证编程时选择的刀具、切削用量及设定的刀具补偿值是否合适，是否能达到零件表面粗糙度、几何公差等技术要求，那么前者根据操作者的水平不同对应的完成度也会不同，后者的几何公差则用于评定机床的切削精度。在实际生产中，为了避免因为零件加工程序及加工准备的疏忽造成损失，在进行试切时一般会先用报废的工件进行，因为大部分较复杂的零件在加工时都不止一个工序，上一工序的废品可以作为下一工序调试时的试验品，这是常用的减少损失的方法。

3. 切削精度检验

切削精度检验又称为动态精度检验。在智能装备铣削机床或加工中心上，通常通过一个典型常用的铣削用"圆棱方"试切件的加工来检验机床的切削精度，如图 4-42 所示。

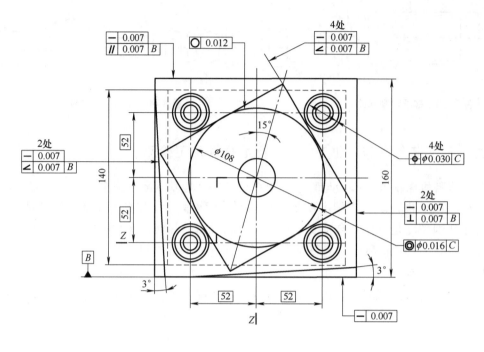

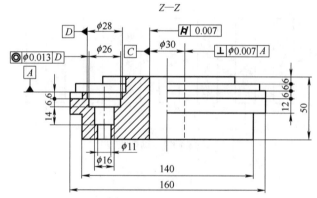

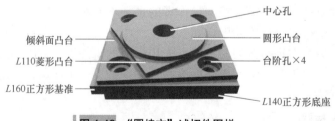

图 4-42 "圆棱方"试切件图样

（1）试切件基本尺寸分析　图 4-42 是 GB/T 20957.7—2007《精密加工中心检验条件　第 7 部分：精加工试件精度检验》中的小规格轮廓加工试切件，整个试切件大致由 7 个部分组成，试切件分为上下两面，从下往上将 7 个部分的尺寸单独进行分析。

1) $L140$ 正方形底座：$L140$ 正方形底座边长为 140mm、高 20mm，处于试切件的背面。

2) $L160$ 正方形基准：$L160$ 正方形基准边长 160mm、高 12mm，处于试切件上下两面的中间位置。

3) 倾斜面凸台：倾斜面凸台的其中两侧和前面的 $L160$ 正方形基准尺寸相同，另外两侧的第一个位置相对侧面逆时针旋转 3°，第二个位置相对第一个位置和侧面逆时针旋转 3°。

4) 台阶孔：四边形凸台上包含了 4 个台阶孔，每个台阶孔从上到下分别由 $\phi 28 \times 6$、$\phi 26 \times 6$、$\phi 16 \times 14$、$\phi 11 \times 12$ 共 4 个孔组成，每个台阶孔的中心位置相对工件中心位置，在 X 和 Y 方向都为 52mm。

5) $L110$ 菱形凸台：$L110$ 菱形凸台边长 110mm、高 6mm，凸台相对中心位置逆时针旋转 30°。

6) 圆形凸台：圆形凸台直径 108mm、高 6mm。

7) 中心孔：中心孔直径 30mm，类型为通孔。

（2）试切件形位误差分析　表 4-7 中将 7 个部分中所要求的几何误差分别罗列出来，其中一共有 4 个基准，分别是 A：四边形凸台上平面；B：$L160$ 正方形基准侧面；C：$\phi 30$ 通孔中心线；D：台阶孔 $\phi 28$ 中心线。

表 4-7　轮廓加工试切件几何精度检验

部位	检测位置	检验项目	基准	允差/mm	检验工具
$L160$ 正方形基准	基准的邻边（2 处）	直线度	—	0.007	平尺、千分表
		垂直度	B	0.007	角尺、千分表
	基准的对边（2 处）	直线度	—	0.007	平尺、千分表
	基准的对边	平行度	B	0.007	高度规或千分表
倾斜面凸台	斜面（2 处）	直线度	—	0.007	千分表
		倾斜度	B	0.007	正弦规、千分表
台阶孔	中心轴线（4 处）	位置度	C	$\phi 0.030$	三坐标测量仪
		同轴度	D	$\phi 0.013$	圆度测量仪
$L110$ 菱形凸台	侧边（4 处）	直线度	—	0.007	平尺、千分表
		倾斜度	B	0.007	正弦规、千分表
圆形凸台	中心线	同轴度	C	$\phi 0.016$	圆度测量仪
	圆形	圆度	—	0.012	
中心孔	$\phi 30$ 中心孔	圆柱度	C	0.007	三坐标测量仪
	中心线	垂直度	A	0.007	

（3）铣床试切件加工　表 4-8 是铣床试切件加工的工艺流程，毛坯料大小为 170mm×170mm×55mm。

表 4-8 铣床试切件加工的工艺流程

切削速度	铸铁件约为 50m/min；铝件约为 300m/min		进给量	精铣 0.1mm/r
切削深度	径向切深 0.2mm，工序 3、4、6、7 轴向切削深度约为 6mm			
序号	工序名称	工序内容	工序图	工艺装备
1	铣削	夹一端伸出 40mm；铣平面 2mm		ϕ32mm 立铣刀、游标卡尺
2	钻削、镗削	在中心钻出一个 ϕ10mm 的通孔；将通孔扩孔至 ϕ20mm；将通孔扩孔至 ϕ27mm；在中心镗削一个 ϕ30mm 通孔		ϕ10mm 麻花钻、ϕ20mm 麻花钻、ϕ27mm 麻花钻、ϕ30mm 镗刀、游标卡尺
3	铣削	铣边长为 160mm、高为 38mm 的正方形		ϕ32mm 立铣刀、游标卡尺
4	铣削	铣边长为 140mm、高为 20mm 的正方形底座		ϕ32mm 立铣刀、游标卡尺
5	铣削	反面装夹；铣平面让整体厚度达到 50mm		ϕ32mm 立铣刀、游标卡尺
6	铣削	铣边长为 110mm、高为 12mm 的菱形凸台		ϕ32mm 立铣刀、游标卡尺
7	铣削	在菱形凸台上铣 ϕ108mm、高为 6mm 圆形凸台		ϕ32mm 立铣刀、游标卡尺

（续）

序号	工序名称	工序内容	工序图	工艺装备
8	铣削	在边长160mm的正方形上铣出角度为3°、高为6mm的2个倾斜面	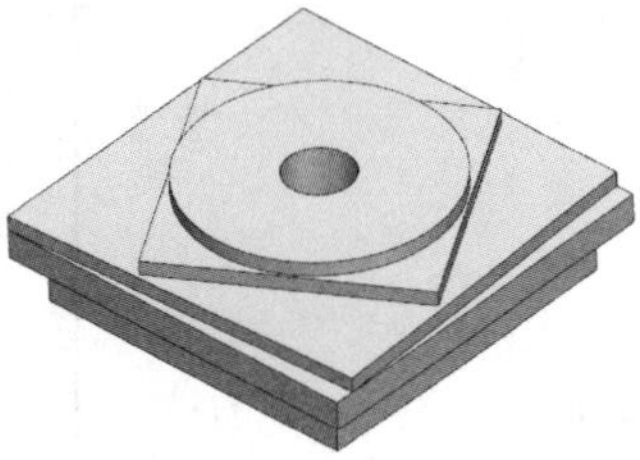	ϕ32mm立铣刀、游标卡尺
9	钻削	钻出4个ϕ11mm的通孔，间距为52mm×52mm	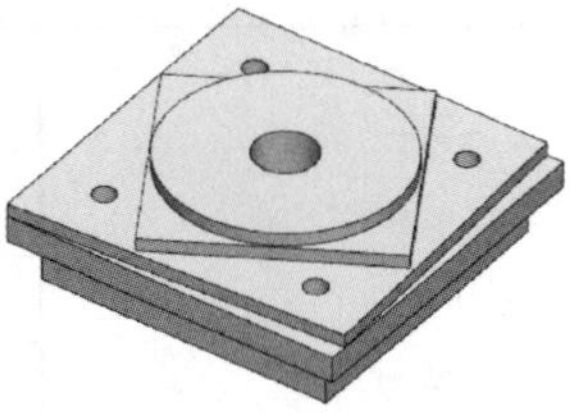	ϕ11mm麻花钻
10	镗削	在4个ϕ11mm通孔上各镗削1个ϕ16mm、深26mm的沉孔	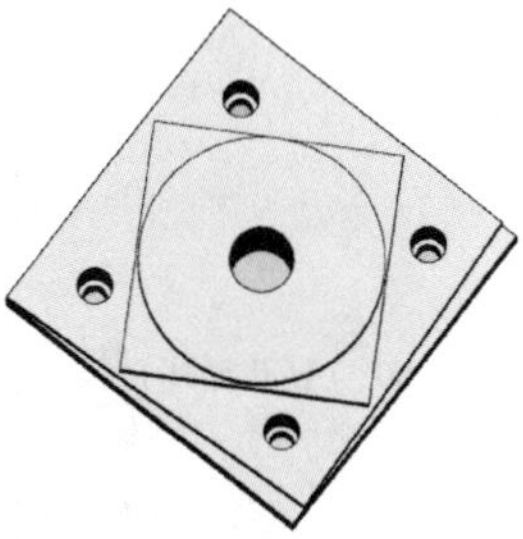	ϕ16mm镗刀
11	镗削	在4个ϕ16mm通孔上各镗削1个ϕ26mm、深12mm的沉孔	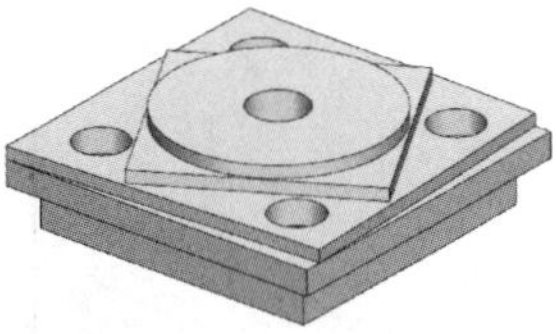	ϕ26mm镗刀
12	镗削	在4个ϕ26mm通孔上各镗削1个ϕ28mm、深6mm的沉孔	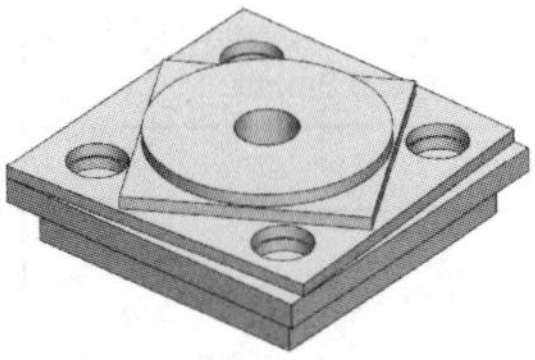	ϕ28mm镗刀

每道工序对应的加工程序示例见表4-9，每一部分程序的顺序从上到下，从左到右（下列程序从毛坯直接加工到成品，实际加工中需留余量给精加工，因此程序仅供参考）。

表 4-9　平面铣削加工程序

工序 1	平面铣削
M06 T01；（更换φ32mm 立铣刀） G43 H01；（T01 对应长度补偿） G54 G90 G00 X200 Y200； G00 Z100； X110 Y75； M03 S1000； G00 Z10； G01 Z-2 F0.1；（端面铣削 2mm） #1=1；	N10 G01 G91 X-110； G01 Y-30； G01 X110； G01 Y-30； #1=#1+1； IF[#1 LT 4]GOTO 10；（#1<4 时跳转到 N10） G90 G00 Z300； M05； M30；
工序 2	镗钻中心孔
M06 T02；（更换φ10mm 麻花钻） G43 H02；（T02 对应长度补偿） G54 G90 G00 X200 Y200； G00 Z100； M03 S1000； G00 Z10；（定位到基准平面） G83 G98 X0 Y0 Z-52 R5 Q10 D5 F300；（钻孔循环） G80 G90 G00 Z100； M05； M06 T03；（更换φ20mm 麻花钻） G43 H03；（T03 对应长度补偿） M03 S1000； G00 Z10； G83 G98 X0 Y0 Z-52 R5 Q10 D5 F300；（钻孔循环） G80 G90 G00 Z100；	M05； M06 T04；（更换φ27mm 麻花钻） G43 H04；（T04 对应长度补偿） M03 S1000； G00 Z10； G83 G98 X0 Y0 Z-52 R5 Q10 D5 F300；（钻孔循环） G80 G90 G00 Z100； M05； M06 T05；（更换φ30mm 镗刀） G43 H05；（T05 对应长度补偿） M03 S1000； G00 Z10； G81 G98 X0 Y0 Z-52 R5 F300；（镗孔循环） G80 G90 G00 Z300； M05； M30；
工序 3	铣削 L160 正方形基准
M06 T01；（更换φ32mm 立铣刀） G43 H01；（T01 对应长度补偿） G42 D01；（T01 对应半径补偿右偏刀） G54 G90 G00 X200 Y200； M03 S1000； G00 X110 Y80； Z-41；（之前端面已铣削 2mm，这里要叠加，应尽可能地向下再多铣 1mm） #1=84.8；（初始边长为 85mm，此处减 0.2mm）	N10 G01 X-#1 F0.1； Y-#1； X#1； #1=#1-0.2； IF[#1 GE 80]GOTO 10；（#1≥80 时跳转到 N10） G01 Y110； G00 Z300； M05； M30；
工序 4	铣削 L140 正方形底座
G54 G90 G00 X200 Y200； G00 Z100； M03 S1000； G00 X110 Y80； Z-22；（之前端面已铣削 2mm，这里要叠加） #1=79.8；（初始边长为 80mm，此处减 0.2mm） N10 G01 Y#1 F0.1； X-#1；	Y-#1； X#1； #1=#1-0.2； IF[#1 GE 70]GOTO 10；（#1≥70 时跳转到 N10） G01 Y120； G00 Z300； M05； M30；

(续)

工序 5	端面铣削
G54 G90 G00 X200 Y200； G00 Z100； X110 Y75； M03 S1000； G00 Z10； G01 Z-3 F0.2；（端面铣削 3mm） #1=1； N10 G01 G91 X-110；	G01 Y-30； G01 X110； G01 Y-30； #1=#1+1； IF[#1 LT 4]GOTO 10；（#1<4 时跳转到 N10） G90 G00 Z300； M05； M30；
工序 6	铣削 L110 菱形凸台
G54 G90 G00 X200 Y200； G00 Z100； M03 S1000； G00 X110 Y110； Z-9；（之前端面已铣削 3mm，这里要叠加）（向下铣削 6mm 后，将 -9 改为 -15，再执行一遍） #1=79.8；（初始边长为 80mm，此处减 0.2mm） G68 X0 Y0 R30；（根据中心旋转 30°） N10 G01 Y#1 F0.1；	X-#1； Y-#1； X#1； #1=#1-0.2； IF[#1 GE 55]GOTO 10；（#1≥55 时跳转到 N10） G01 Y120； G69 G00 Z300； M05； M30；
工序 7	铣削圆形凸台
G54 G90 G00 X200 Y200； G00 Z100； M03 S1000； G00 X110 Y54； Z-9；（之前端面已铣削 3mm，这里要叠加） G01 X0 F0.1；	G03 J-45； X-110； G00 Z300； M05； M30；
工序 8	铣削倾斜面凸台
G54 G90 G00 X200 Y200； G00 Z100； M03 S1000； G00 X-110 Y110； Z-21；（之前端面已铣削 3mm，这里要叠加）	G01 X-80 Y80 F0.1； X-71.61 Y-80； X110 Y-70.48；（从延长线上离开） G00 Z300； M05； M30；
工序 9	钻削 φ11mm 通孔
M06 T06；（更换 φ11mm 麻花钻） G43 H06；（T06 对应长度补偿） G54 G90 G00 X200 Y200； G00 Z100； M03 S1000； G00 Z10；（定位到基准平面） G83 G98 X52 Y52 Z-55 R5 Q10，D5 F300；（钻孔循环）	X-52 Y52； X-52 Y-52； X52 Y-52； G80 G90 G00 Z100； M05； M30；

(续)

工序 10	镗削 φ16mm 沉孔
M06 T07；（更换 φ16mm 镗刀） G43 H07；（T07 对应长度补偿） G54 G90 G00 X200 Y200； G00 Z100； M03 S1000； G00 Z10；（定位到基准平面） G81 G98 X52 Y52 Z-55 R5 F300；（镗孔循环）	X-52 Y52； X-52 Y-52； X52 Y-52； G80 G90 G00 Z300； M05； M30；
工序 11	镗削 φ26mm 沉孔
M06 T08；（更换 φ26mm 镗刀） G43 H08；（T08 对应长度补偿） G54 G90 G00 X200 Y200； G00 Z100； M03 S1000； G00 Z10；（定位到基准平面） G81 G98 X52 Y52 Z-55 R5 F300；（镗孔循环）	X-52 Y52； X-52 Y-52； X52 Y-52； G80 G90 G00 Z300； M05； M30；
工序 12	镗削 φ28mm 沉孔
M06 T09；（更换 φ28mm 镗刀） G43 H09；（T09 对应长度补偿） G54 G90 G00 X200 Y200； G00 Z100； M03 S1000； G00 Z10；（定位到基准平面） G81 G98 X52 Y52 Z-55 R5 F300；（镗孔循环）	X-52 Y52； X-52 Y-52； X52 Y-52； G80 G90 G00 Z300； M05； M30；

思考题

一、填空题

1. 大型、重型机床需要专门做地基，精密机床应安装在单独的地基上，在地基周围设置_____，并用地脚螺栓紧固。

2. 地基质量的好坏，将关系到机床的_____、_____、_____、_____以及机床的使用寿命。

3. 机床找平工作应避免为适应调整水平的需要，引起机床的变形，从而引起导轨精度和导轨相配件的配合和连接的变化，使机床_____和_____受到破坏。

4. 机床的几何精度在机床处于_____和_____时是有区别的。

5. 数控功能的检验，除了用手动操作或自动运行来检验数控功能的有无以外，更重要的是检验其_____和_____。

6. 数控机床几何精度的检测应按国家标准规定，在机床_____状态下进行。即接通电源以后，将机床各移动坐标_____，主轴以_____的转速运转十几分钟后再检测。

7. 定位精度检测工具有_____、_____、标准长度刻线尺、光学读数显微镜和

_____等。

8. 工作精度是机床的_____，受机床几何精度、_____、_____等因素影响。

二、选择题

1. 数控机床在装配过程中遵循的一个原则是（　　），由里至外。
   A. 由上至下　　　　B. 由小至大　　　　C. 由下至上

2. 将数控机床放置于地基上，在自由状态下按机床说明书的要求调整其（　　）。
   A. 平面度　　　　B. 平行度　　　　C. 水平

3. 智能装备车削机床起吊时，要将尾座移至机床（　　），同时注意使机床底座呈水平状态。
   A. 左端　　　　B. 中间　　　　C. 右端

4. 用水平仪检验机床导轨直线度时，若把水平仪放在导轨右端，气泡向左偏2格；若把水平仪放在导轨左端，气泡向右偏2格，则此导轨是（　　）。
   A. 直的　　　　　　　　　　B. 中间凹的
   C. 中间凸的　　　　　　　　D. 向右倾斜

5. 数控机床加工调试中遇到问题想停机应先停止（　　）。
   A. 切削液　　　　　　　　　B. 主运动
   C. 进给运动　　　　　　　　D. 辅助运动

6. 卧式智能装备车削机床的主轴中心高度与尾架中心高度之间关系为（　　）。
   A. 主轴中心高于尾架中心　　　B. 尾架中心高于主轴中心
   C. 只要在误差范围内即可

7. 加工中心主轴轴线与被加工表面不垂直，将使被加工平面（　　）。
   A. 外凸　　　　B. 内凹　　　　C. 不影响

8. 车床主轴轴线有轴向窜动时，对车削（　　）精度影响较大。
   A. 外圆表面　　　B. 丝杠螺距　　　C. 内孔表面

9. 一般中小型数控机床无需做单独的地基，只需在硬化好的地面上采用（　　），稳定机床的床身，用支承件调整机床的水平。
   A. 花岗岩　　　　B. 弹性垫圈　　　　C. 活动垫铁

10. 数控机床切削精度检验（　　），对机床几何精度和定位精度的一项综合检验。
    A. 又称静态精度检验，是在切削加工条件下
    B. 又称动态精度检验，是在空载条件下
    C. 又称动态精度检验，是在切削加工条件下
    D. 又称静态精度检验，是在空载条件下

11. 数控机床的直线运动定位精度是在（　　）条件下测量的。
    A. 低温不加电　　　　　　　B. 空载
    C. 满载空转　　　　　　　　D. 高温满载

12. 机械上常在防护装置上设置为检修用的可开启的活动门，应使活动门不关闭机器

就不能开动；在机器运转时，活动门打开机器就停止运转，这种功能称为（　　）。

A. 安全联锁　　　　　　　　　　B. 安全屏蔽

C. 安全障碍　　　　　　　　　　D. 密封保护

13. 车床主轴在转动时若有一定的径向圆跳动，则工件加工后会产生（　　）的误差。

A. 垂直度　　　　　　　　　　　B. 同轴度

C. 斜度　　　　　　　　　　　　D. 粗糙度

14. 数控机床几何精度检查时首先应该进行（　　）。

A. 连续空运行试验

B. 安装水平的检查与调整

C. 数控系统功能试验

15. 定位精度检测的环境温度在（　　）之间。

A. 5°～35°　　　B. 15°～45°　　　C. 15°～25°　　　D. 没有要求

三、判断题（正确的划"√"，错误的划"×"）

1.（　）数控机床在装配过程中遵循的一个原则是由上至下，由里至外。

2.（　）数控机床两条导轨的安装需进行相等平行的调整。

3.（　）丝杠安装时要用游标卡尺分别测丝杠两端与导轨之间的距离，使之相等，以保持丝杠的同轴度。

4.（　）选择合理规范的拆卸和装配方法，能避免被拆卸件的损坏，并有效地保持机床原有精度。

5.（　）数控机床对安装地基没有特殊的要求。

6.（　）数控机床不能安装在有粉尘的车间里，应避免酸腐蚀气体的侵蚀。

7.（　）智能装备车削机床起吊时应将尾座移至主轴端并锁紧。

8.（　）找正安装水平的基准面，应在机床的主要工作面（如机床导轨面或装配基面）上进行。

9.（　）在地脚螺栓压紧时，床身有微量变形不影响使用。

10.（　）对安装的数控机床，考虑水泥地基的干燥需要一个过程，故要求机床运行数月或半年后再精调一次床身水平，以保证机床长期工作精度，提高机床几何精度的保持性。

11.（　）数控机床各连接面、各运动面上的防锈涂料，可用金属或其他坚硬刮具快速去除。

12.（　）良好的接地不仅对设备和人身安全起着重要的保障，同时还能减少电气干扰，保证数控系统及机床的正常工作。

13.（　）数控机床与外界电源相连接时，应重点检查输入电源的电压和相序。

14.（　）加工中心的主轴精度只需检验其径向圆跳动。

15.（　）数控机床验收时，要对机床具有的各种功能进行试验，如直线插补，圆弧插补，铣、钻、镗、铰和攻螺纹加工循环，冷却、排屑、冲洗等。

16.（   ）数控机床在手动和自动运行中，发现异常情况，应立即使用紧急停止按钮。

17.（   ）有一定机床安装经验的技工，可凭经验完成数控机床的安装与调试工作。

18.（   ）检验智能装备车削机床主轴轴线与尾座锥孔轴线等高情况时，通常只许尾座轴线稍低。

19.（   ）数控机床性能的检验与普通机床基本一样，主要是通过"耳闻目睹"和试运转来检查。

20.（   ）智能装备车削机床端面的平面度允许中凸。

项目五
工业机器人机械装配与调试

学习目标

1. 了解工业机器人的机械结构与特点。
2. 了解机器人电缆组件结构与特点。
3. 掌握工业机器人机械装配与调试操作技能。
4. 掌握工业机器人电缆组件装配与调试操作技能。

重点和难点

1. 工业机器人机械装配与调试。
2. 工业机器人电缆组件装配与调试。

延伸阅读

延伸阅读

工业机器人是面向工业领域的多关节机械手或者多自由度机器人，它的出现是为了解放人工劳动力、提高生产率，是智能制造装备系统中重要的执行装备。工业机器人最主要的形式就是工业机械臂，典型的是 4 自由度（轴）、5 自由度（轴）和 6 自由度（轴）机械臂。工业机器人机械结构主要由四大部分构成：机身、臂部、腕部和手部，每一个部分具有若干的自由度，构成一个多自由度的机械系统。末端操作器是直接安装在手腕上的一个重要部件，它可以是多手指的手爪，也可以是喷漆枪或者焊具等作业工具。

工作任务一　工业机器人本体装配与调整

一、机器人本体密封剂的应用

1. 对要密封的表面进行冲洗和脱脂

1）从臂上拆卸减速器后，应在拆卸了减速器的臂表面施加垫圈胶软化剂，等待原有密封剂软化（约 10min）。使用抹刀，除去软化的密封剂。

2）用气体吹要密封的表面，除去灰尘。

3）使用蘸有酒精的布，擦拭要密封的减速器表面和臂表面进行脱脂。

4）用油石抛光要密封的臂表面，然后再次用酒精脱脂。

注意：油可能会从减速器内部漏出。脱脂后，确保没有油漏出。

2. 施加密封剂

1）确保减速器和臂表面干燥，无残留乙醇。

2）在表面上施加密封剂。

3. 装配

1）为了防止灰尘落在施加密封剂的部分，在密封剂应用后，应尽快安装减速器。

注意：不要接触施加的密封剂。如果不小心擦掉了密封剂，需重新涂抹。

2）安装完减速器后，用螺栓和垫圈快速固定，使匹配表面更靠近。

注意：施加密封剂之前，不要上润滑脂，因为润滑脂可能会泄漏。安装减速器后等待至少 1h 方可进行润滑作业。

二、工具及准备材料

1. 测量工具

FANUC Roboat R-2000iA 工业机器人装配测量工具清单见表 5-1。

表 5-1 测量工具清单

序号	名称	规格	单位	数量
1	测微仪	分度值 0.01mm	个	1
2	游标卡尺	150mm	把	1
3	推拉力计	98N	个	1

2. 拆装工具

FANUC Roboat R-2000iA 工业机器人拆装工具及准备材料清单见表 5-2。

表 5-2 拆装工具及准备材料清单

序号	名称	规格	单位	数量
1	十字槽螺钉旋具	大、中、小各一个	套	1
2	一字槽螺钉旋具	大、中、小各一个	套	1
3	套筒螺钉旋具	M6	把	1
4	内六角扳手	M3 ~ M20	套	1
5	活扳手		把	1
6	活扳手		把	1

(续)

序号	名称	规格	单位	数量
7	老虎钳		把	1
8	斜口钳		把	1
9	剪刀		把	1
10	六角双头斜口扳手		把	1
11	润滑脂喷枪		个	1
12	转矩扳手		个	1
13	齿轮拆卸器		个	1
14	六角凹头	M12	个	1
15	插座	宽度为50mm	个	1
16	插座	宽度为65mm	个	1
17	扳手	30mm×32mm 或 32mm×36mm	个	1
18	T形六角扳手	M8	个	1
19	T形六角扳手	M12	个	1

3. 特殊工具

FANUC Roboat R-2000iA 工业机器人拆装需用到一些特殊工具，见表 5-3。

表 5-3 特殊工具

序号	名称	规格	单位	数量	备注
1	定位销（M12）	A290-7324-X921	个	若干	非标
2	弹簧销触发工具	A290-7324-X922	个	若干	非标
3	定位销（M16）	A290-7324-X923	个	若干	非标
4	轴承安装器	A290-7324-X924	个	若干	非标
5	轴承安装器	A290-7321-X947	个	若干	非标

三、工业机器人拆装任务实施

1. 注意事项

1）一旦更换了电动机、减速器和齿轮，就要执行校对型号操作。运输和装配较重部件时，应格外小心。

2）重新使用 R-2000iA 的密封螺栓时，请严格遵守下述说明（如果可能，应使用新的密封螺栓）：

① 重新使用时，应施加 Loctite No.242 螺纹锁固剂。

② 注意下述三点说明：

a. 除去密封螺栓上多余的密封剂。

b. 密封部位的长度为 $2d$（d 为螺栓直径），从螺栓顶部计起，均匀涂敷。

c. 在整个螺纹区域施加 Loctite No.242 螺纹锁固剂，将螺栓擦干净，将其置于凹槽底部。

2. 拆装 J1 轴电动机（M1）和减速器

以 FANUC Roboat R-2000iA/165F 工业机器人为例，其机械单元配置如图 5-1 所示。

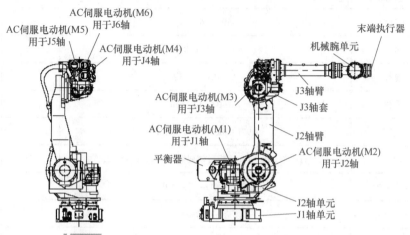

图 5-1 FANUC Roboat R-2000iA/165F 机械单元配置

（1）更换 J1 轴电动机　FANUC Roboat R-2000iA/165F 工业机器人 J1 轴电动机部件结构简图如图 5-2 所示。

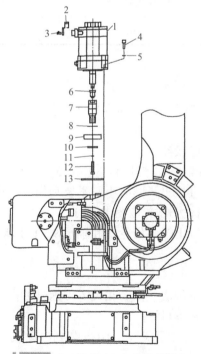

图 5-2 J1 轴电动机部件结构简图

1—电动机　2—盖板　3、4、12—螺栓　5、11—垫圈　6—螺母　7—输入齿轮　8、10—C 形环
9—轴承　13—O 形环

图 5-2 中各部件的详细规格清单见表 5-4。

表 5-4　J1 轴电动机部件清单

序号	名称	规格	单位	数量
1	电动机	A06B-0267-B605	个	1
2	盖板	A290-7324-X101	个	1
3	螺栓	A6-BA-8×12	个	1
4	螺栓	A6-BA-12×30	个	3
5	垫圈	A97L-0001-0823#M12H	个	3
6	螺母	力矩为 118（12）；螺母锁固剂为 Loctite No.242	个	1
7	输入齿轮	A97L-0218-0285#205	个	1
8	C 形环	A6-CJR-45	个	1
9	轴承	A97L-0001-0196#09Z000A	个	1
10	C 形环	A6-CJR-45	个	1
11	垫圈	A97L-0001-0823#M8H	个	1
12	螺栓	A6-BA-8×60；力矩为 27.5（2.8）；Loctite 为 LT242	个	1
13	O 形环	JB-OR1A-G125	个	1

1）移除 J1 轴电动机：

① 切断电源。相关零件编号如图 5-2 所示。

② 移去脉冲编码器连接器盖板 2（与螺栓 4 一起转动盖板 2 可能会损坏连接器，应抓住盖板 2，防止其转动）。

③ 移去电动机 1 的三个连接器。

④ 移去三个电动机安装螺栓 4，然后移去垫圈 5。

⑤ 将电动机 1 从底座垂直拉出，同时小心不要刮伤输入齿轮 7 的表面。

⑥ 从电动机 1 的轴上，移去螺栓 12 和垫圈 11。

⑦ 从电动机 1 的轴上，拉出输入齿轮 7 和轴承 9、C 形环 8、10。

⑧ 从轴上移去螺母 6。

2）装配 J1 轴电动机：

① 使用油石抛光电动机 1 的法兰面。相关零件编号如图 5-2 所示。

② 在电动机 1 的轴上安装螺母 6。

③ 将输入齿轮 7 和轴承 9、C 形环 8、10 安装到电动机 1 的轴上。

注意：将输入齿轮 7 安装到电动机 1 上之前，应使用夹具（A290-7324-X924），将轴承 9 和 C 形环 8、10 安装到输入齿轮 7 上，如图 5-3 所示。

④ 将螺栓 12 和垫圈 11 安装到电动机 1 上。

⑤ 将电动机 1 垂直安装到底座上，同时小心不要刮伤输入齿轮 7 的表面。安装时，确保 O 形环 13 位于指定的位置，如图 5-4 所示。

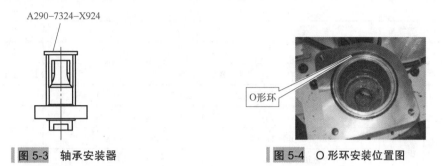

图 5-3　轴承安装器　　　　　　　　　　　图 5-4　O 形环安装位置图

⑥ 安装三个电动机安装螺栓 4 和垫圈 5。
⑦ 将三个连接器安装到电动机 1 上。
⑧ 安装脉冲编码器连接器盖板 2。
⑨ 执行校对操作。

（2）更换 J1 轴减速器　J1 轴减速器各部件结构简图如图 5-5 所示。

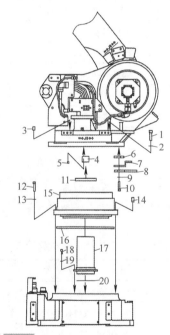

图 5-5　J1 轴减速器各部件结构简图

1、5、10、12、18—螺栓　2、9、13、19—垫圈　3、14—弹簧销　4、7—板　6—衬片　8—制动块
11—油封　15—减速器　16、20—O 形环　17—管线

J1 轴减速器各部件的详细名称和规格清单见表 5-5。

表 5-5 J1 轴减速器部件清单

序号	名称	规格		单位	数量
1	螺栓	A6–BA–16×55；力矩为 318（32.5）；螺栓紧固剂为 Loctite No.262		个	11
2	垫圈	A97L–0001–0823#M16H		个	11
3	弹簧销	A6–PS–12×30		个	1
4	板	A290–7324–X321		个	1
5	螺栓	A6–BA–6×10		个	2
6	衬片	A290–7324–X218		个	1
7	板	A290–7324–X217		个	1
8	制动块	165F、200F、125L	A290–7324–X215	个	1
		165R、200R	A290–7324–Y215	个	1
9	垫圈	A97L–0001–0823#M12H		个	4
10	螺栓	A6–BA–12×50		个	4
11	油封	A98L–0040–0047#12515514		个	1
12	螺栓	A6–BA–12×55，力矩为 128（13.1）；螺栓紧固剂为 Loctite No.262		个	16
13	垫圈	A97L–0001–0823#M12H		个	16
14	弹簧销	A6–PS–12×30		个	1
15	减速器	A97L–0218–0278#320C–205		个	1
16	O 形环	JB–OR1A–G415		个	1
17	管线	A290–7324–X231		个	1
18	螺栓	A6–BA–6×16		个	4
19	垫圈	A97L–0001–0823#M6H		个	4
20	O 形环	JB–OR1A–G125		个	1

注意：对于 R–2000iA/165F、200F、200FO、210F、165R、200R、125L、130U 来说，更换 J1 轴减速器时，需要用到下面列出的特殊工具，务必准备好这些工具，见表 5-6。如果在悬挂机器人时未使用这些工具，机器人可能会跌落。

表 5-6 工具及准备材料清单

序号	名称	规格	单位	数量
1	定位销	A290–7324–X921	个	2
2	冲孔	A290–7324–X922	个	1
3	定位销	A290–7324–X923	个	2

1）移除 J1 轴减速器：

① 从机械腕上移去负载，如工件。相关零件编号如图 5-5 所示。

② 移去平衡块。

③ 对于 R–2000iA/165F、200F、200FO、210F、165R、200R、125L 和 130U，更换

平衡块时，在保持角度（J2=0°）的同时，移去用于安装 J2 底座的两个螺栓（位于 J2 臂下方），如图 5-6 所示。

④ 对于 R-2000iA/165F、200F、200FO、210F、165R、200R、125L 和 130U，确保机器人的角度（J2=-40°，J3=-30°），如图 5-7 所示。

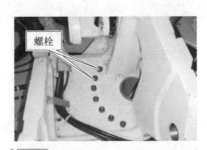

图 5-6　用于安装 J2 底座的两个螺栓

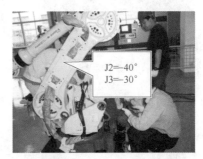

图 5-7　确保机器人的角度

⑤ 切断电源。

⑥ 按照前面介绍的方法，移去 J1 轴电动机。

⑦ 拆卸控制单元和机器人之间的连接电缆，将连接器面板从 J1 底座背面移走，然后拆卸连接器，如图 5-8 所示。

⑧ 移去 J1 底座电缆夹具和 J2 底座电缆夹具，然后将电缆从中心管道向着 J2 底座方向拉出，如图 5-9 所示。

图 5-8　拆卸连接器

图 5-9　电缆夹具

⑨ 移去螺栓 5，然后移去板 4。移去螺栓 10 和垫圈 9，然后移去衬片 6、板 7 和制动块 8。相关零件编号如图 5-5 所示。

⑩ 如图 5-10 所示，将悬挂夹具安装到机器人上，以便能够悬挂机器人。

⑪ 移去 J2 底座螺栓 1 和垫圈 2，悬挂主要的机器人单元，将其与 J1 单元分开。此时，应小心谨慎，不要损坏油封 11。J2 底座和 J1 轴减速器由弹簧销 3 定位。操作机器人时应小心，如图 5-11a、b 所示。

图5-10 安装悬挂夹具

a) 移去底座安装螺栓

b) 弹簧销

图5-11 J2底座螺栓、垫圈及弹簧销位置

⑫ 移去减速器螺栓12和垫圈13,然后将减速器15从J1底座移走,如图5-12所示。

注意: J1底座和J1轴减速器由弹簧销14定位。因此,应使用J1轴减速器移动旋阀,移去J1轴减速器。

2)装配J1轴减速器:

① 使用油石抛光J1底座减速器15的安装面。相关零件编号如图5-5所示。

② 将O形环16安装到减速器15,如图5-13所示。

③ 使用定位销,将减速器安装到J1底座上,用冲压机压弹簧销14,定位减速器15。然后用减速器15安装螺栓12和垫圈13,上紧减速器15。此时,确保减速器15的齿轮未因中心管线17而损坏,将Loctite 518密封剂施加到减速器轴表面,如图5-14所示。

图5-12 移走减速器

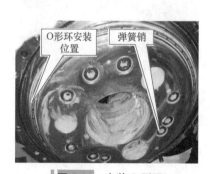

图5-13 安装O形环

图5-14 安装定位减速器并施加密封剂

④ 将主要的机器人单元安放在J1单元上,使用定位销(A290–7324–X923)定位。然后用冲孔(A290–7324–X922)压弹簧销3,执行定位操作。接下来,用J2底座安装螺栓1和垫圈2,执行固定操作。此时,检查油封11是否安装到位,确保在安装机器人时,凸缘未朝上,如图5-15所示。

⑤ 安装板4、衬片6、板7和制动块8。

⑥ 整齐地布置电缆,上紧J1底座夹具和J2底座夹具。

⑦ 按照上面介绍的步骤，上紧 J1 轴电动机。
⑧ 将连接器安装到 J1 底座背面的连接器面板上，然后安装控制单元和机器人之间的连接电缆。
⑨ 将平衡块安装到机器人上。
⑩ 施加润滑脂。
⑪ 执行校对操作。
⑫ 在减速器侧面加 Loctite 518 密封胶，宽度为 10mm，如图 5-16 所示。

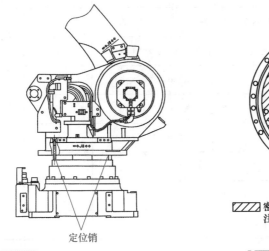

图 5-15　J1 轴上安装定位机器人单元

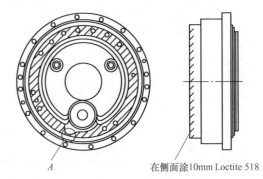

图 5-16　在减速器侧面加 Loctite 518 密封胶

3. 更换 J2 轴电动机（M2）和减速器

（1）更换 J2 轴电动机　J2 轴电动机各部件结构简图如图 5-17 所示。

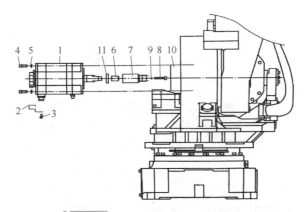

图 5-17　J2 轴电动机部件结构简图

1—电动机　2—盖板　3、8—螺栓　4—密封螺栓　5—垫圈　6—螺母　7—输入齿轮
9—密封垫圈　10—O 形环　11—密封

J2 轴电动机各部件的详细名称和规格清单见表 5-7。

表 5-7　J2 轴电动机部件清单

序号	名称	规格		单位	数量
1	电动机	A06B–0267–B605		个	1
2	盖板	A290–7324–X101		个	1
3	螺栓	A6–BA–8×12		个	1
4	密封螺栓	A97L–0118–0706#M12×30		个	4
5	垫圈	A97L–0001–0823#M12H		个	4
6	螺母	A290–7324–X151；力矩为 118（12）；Loctite 为 LT242		个	1
7	输入齿轮	165F、125L	A290–7324–X304	个	1
		200F、200FO、210F、200R、130U	A290–7324–Y304	个	1
		165R	A290–7324–Z304	个	1
8	螺栓	A6–BA–8×55；力矩为 27.5（2.8）；螺栓紧固剂为 Loctite 242		个	1
9	密封垫圈	A30L–0001–0048#8M		个	1
10	O 形环	JB–OR1A–G125		个	1
11	密封	A98L–0004–0771#A12TP		个	1

1）移除 J2 轴电动机：

① 将电动机置于图 5-18 所示的位置，使用吊索悬起机器人。

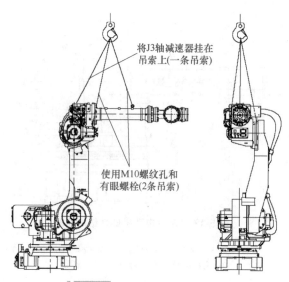

图 5-18　使用吊索悬起机器人

项目 五 工业机器人机械装配与调试

> **注意：** 移去 J2 轴电动机时，其重量以及平衡块的扶正力矩会使 J2 轴臂大范围移动，这会导致很危险的情况，除非将机器人置于指定的位置。（具体地讲，臂可能会沿重力方向落下或升起，具体情况取决于负载的状态和机器人的角度）。如果在更换 J2 轴电动机时，无法将机器人置于指定的角度，应上紧臂，确保臂不会移动。可以使用可选的用于工作范围更改的制动块，用来固定 J2 轴臂。更换电动机之前，应安装制动块，手动操作机器人臂，直至其足够靠近制动块。但是，该选项的最低约束角是 15°，因此无法同时防止臂的落下和升起。如果在移去 J2 轴电动机时，不清楚臂的行为，请使用起重机和制动块，防止机器人臂落下或升起。

② 切断电源。
③ 拆卸 J2 轴电动机 1 的三个连接器，如图 5-19 所示，相关零件编号如图 5-17 所示。
④ 移去脉冲编码器连接器盖板 2。与螺栓一起转动盖板可能会损坏连接器，故应抓住盖板，防止其转动。
⑤ 移去四个电动机密封螺栓 4 和垫圈 5，如图 5-20 所示。

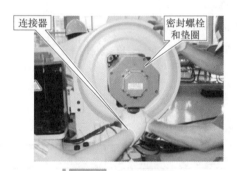

图 5-19 拆卸连接器

图 5-20 移去密封螺栓和垫圈

⑥ 水平拉出 J2 轴电动机 1，同时注意不要损坏齿轮的表面。
⑦ 移去螺栓 8 和密封垫圈 9，然后拆卸输入齿轮 7、螺母 6。

> **注意：** 使用 R-2000iA/165R 或 200R 时，应将电动机连接器从不同的方向拉出。

2）装配 J2 轴电动机：
① 使用油石，抛光 J2 轴电动机 1 的法兰表面，安装新的密封 11，相关零件编号如图 5-17 所示。
② 安装螺母 6。
③ 用螺栓 8 和密封垫圈 9 安装并上紧输入齿轮 7。
④ 水平安装 J2 轴电动机 1，同时应小心不要损坏齿轮表面。安装时，确保 O 形环 10 位于规定的位置。
⑤ 安装四个电动机密封螺栓 4 和垫圈 5。
⑥ 将三个连接器安装到 J2 轴电动机 1。
⑦ 安装脉冲编码器连接器盖板 2。
⑧ 施加润滑脂。

⑨ 执行校对操作。

（2）更换 J2 轴减速器　J2 轴减速器各部件结构简图如图 5-21 所示。

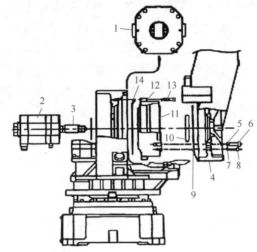

图 5-21　J2 轴减速器部件结构简图

1—平衡块装配　2—电动机　3、9、14—O 形环　4—J2 臂　5、7、12—垫圈
6、8、13—螺栓　10—环　11—减速器

J2 轴减速器各部件的详细名称和规格清单见表 5-8。

表 5-8　J2 轴减速器部件清单

序号	名称	规格		单位	数量
1	平衡块装配	165F、200F、125L	A290-7324-V301	个	1
		200FO	A290-7324-V302	个	1
		210F	A290-7324-V303	个	1
		165R、200R	A290-7324-V311	个	1
2	电动机	A06B-0267-B605		个	1
3	O 形环	JB-OR1A-G125		个	1
4	J2 臂	165F、200F、200FO、125L、130U	A290-7324-X315	个	1
		210F	A290-7324-Y315	个	1
		165R、200R	A290-7324-Z315	个	1
5	垫圈	A97L-0001-0823#M16H		个	6
6	螺栓	A6-BA-16×55；力矩为 319（32.5）；螺栓紧固剂为 Loctite 262		个	6
7	垫圈	A97L-0001-0823#M12H		个	21
8	螺栓	A6-BA-12×45；力矩为 128（13.1）；螺栓紧固剂为 Loctite 262		个	21
9	O 形环	A98L-0001-0347#S265		个	1

（续）

序号	名称	规格		单位	数量
10	环	A290-7324-X316		个	1
11	减速器	165F、125L	A97L-0128-0356#450E-210	个	1
		200F、200FO、210F、200R、130U	A97L-0128-0356#450E-257	个	1
		165R	A97L-0128-0356#450E-231	个	1
12	垫圈	A97L-0001-0823#M12H		个	24
13	螺栓	A6-BA-12×60；力矩为128（13.1）；螺栓紧固剂为Loctite 262		个	24
14	O形环	JB-OR1A-G300		个	1

1）移除J2轴减速器：

① 将臂置于图5-22所示的水平位置，用吊索悬起。相关零件编号见表5-8。

② 切断电源。

③ 拆卸通过J6轴电动机连接到J3的所有电缆，拆卸可选电缆，将电缆拉出到J2底座外侧，如图5-23所示。

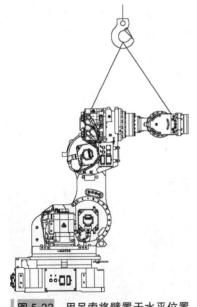

图 5-22 用吊索将臂置于水平位置

图 5-23 拆卸电缆

④ 移去平衡块。

⑤ 移去J2轴电动机，请遵循前面介绍的步骤。

注意：如果在移去J2轴电动机时，平衡块仍安装在机器人上，机器人的重量以及平衡块的扶正力矩会使J2轴臂大范围移动，这会导致很危险的情况，除非将机器人置于指定的位置。移去J2轴电动机之前，应移去平衡块，并使用起重机吊起臂。

⑥ 移去 J2 臂上垫圈 5、7 以及螺栓 6、8。然后使用双头螺栓，移去 J2 臂 4。此时，在弹簧上施加足够的张力，如图 5-24 所示。

⑦ 移去减速器安装螺栓 13 和垫圈 12，如图 5-25 所示。

图 5-24　拆卸 J2 臂安装螺栓

图 5-25　拆卸减速器安装螺栓

2）装配 J2 轴减速器：

① 使用双头螺栓，用螺栓 13 和垫圈 12，安装新的减速器 11。此时，检查 O 形环 14 是否安装到位。相关零件编号见表 5-8。

② 在减速器上施加密封剂。

注意：为了进行密封的表面脱脂处理，须将密封剂 Loctite 518 施加到指定区域，尤其是区域 A，如图 5-26 所示，施加密封剂时不得留有间隙。

③ 将 O 形环 9 和环 10 安装到 J2 臂，如图 5-27 所示。

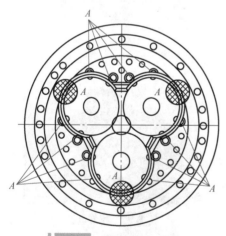

图 5-26　密封剂施加区域

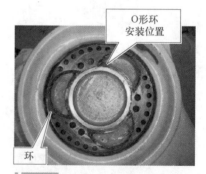

图 5-27　安装 J2 臂的 O 形环与环

注意：不要为 O 形环 9 施加润滑脂。润滑脂会阻止密封剂固化，从而导致润滑脂泄漏。如果很难固定 O 形环，只应在 O 形环上使用少量的密封剂，并将 O 形环安装到 J2 臂的 O 形环凹槽中。

④ 使用双头螺栓、垫圈 5、7 以及螺栓 6、8，将 J2 臂 4 安装到减速器上。此时，检查 O 形环 9 和环 10 是否安装到位。

> **注意**：安装 J2 轴臂时，臂紧密接触匹配部件，以免密封剂被擦掉。检查 O 形环是否安装在正确的位置，检查是否未擦除密封剂。

⑤ 按照前面介绍的步骤，安装 J2 轴电动机。
⑥ 安装平衡块，如图 5-28 所示。
⑦ 安装电缆，通过 J2 轴电动机和可选电缆连接 J2。
⑧ 施加润滑脂。
⑨ 执行校对操作。

4. 更换 J3 轴电动机（M3）和减速器

（1）更换 J3 轴电动机　J3 轴电动机各部件结构简图如图 5-29 所示。

图 5-28　安装平衡块

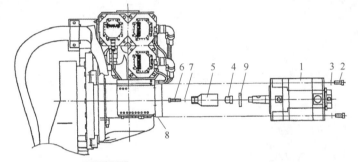

图 5-29　J3 轴电动机各部件结构简图

1—电动机　2—密封螺栓　3、7—垫圈　4—螺母　5—输入齿轮　6—螺栓　8—O 形环　9—密封

J3 轴电动机各部件的详细名称和规格清单见表 5-9。

表 5-9　J3 轴电动机部件清单

序号	名称	规格	单位	数量
1	电动机	A06B-0267-B605	个	1
2	密封螺栓	A97L-0118-0706#M12X30	个	4
3	垫圈	A97L-0001-0823#M12H	个	4
4	螺母	A290-7324-X151；力矩为 118（12）；紧固剂为 Loctite 242	个	1
5	输入齿轮	165F、165R、125L	A290-7324-X304	个	1
5	输入齿轮	200F、200FO、200R、130U	A290-7324-Y304	个	1
5	输入齿轮	210F	A290-7324-Z304	个	1
6	螺栓	165F、200F、200FO、165R、200R、125L、130U	A6-BA-8×50；力矩为 27.5（2.8）；Loctite 242	个	1
6	螺栓	210F	A6-BA-8×60；力矩为 27.5（2.8）；Loctite 242	个	1

(续)

序号	名称	规格	单位	数量
7	垫圈	A30L-0001-0048#8M	个	1
8	O形环	JB-OR1A-G125	个	1
9	密封	A98L-0004-0771#A12TP	个	1

1）移除J3轴电动机：

① 将机器人置于图5-30中所示的位置，使用吊索悬起机器人。相关零件编号见表5-9。

注意：移去其J3轴电动机时，如果未按照指定的方式吊起J3轴臂，臂可能会沿重力方向落下，从而导致危险的情形。如果无法按照指定的方式吊起J3轴臂时，应上紧臂，确保臂不会移动。可以通过〈轴约束，操作范围更改选项〉选择用于工作范围更改的制动块，用来固定J3轴臂。更换电动机之前，应在跌落方向安装制动块，手动操作机器人臂，直至其足够靠近制动块。

② 断开电源。

③ 拆卸J3轴电动机1的三个连接器。

④ 移去四个电动机安装密封螺栓2和垫圈3，如图5-31所示。

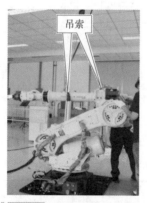

图5-30 用吊索悬起机器人

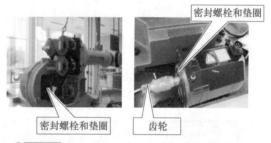

图5-31 移去四个电动机安装密封螺栓和垫圈

注意：要想安装J3轴电动机，需要用到不短于320mm的M12 T形六角扳手。

⑤ 水平拉出J3轴电动机1，同时注意不要损坏齿轮的表面。

⑥ 移去螺栓6和垫圈7，然后拆卸输入齿轮5、螺母4和密封9。

2）装配J3轴电动机：

① 使用油石抛光J3轴电动机1的法兰表面，相关零件编号见表5-9。

② 安装新的密封9。

③ 安装螺母4。

④ 用螺栓6和垫圈7安装并上紧输入齿轮5。

⑤ 水平安装 J3 轴电动机 1，同时应注意不要损坏齿轮表面。安装时，确保 O 形环 8 位于规定的位置。

⑥ 安装四个电动机密封螺栓 2 和垫圈 3。

⑦ 将三个连接器安装到 J3 轴电动机 1。

⑧ 施加润滑脂。

⑨ 执行校对操作。

（2）更换 J3 轴减速器　J3 轴减速器部件结构简图如图 5-32 所示。

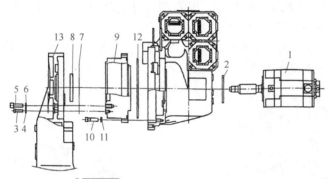

图 5-32　J3 轴减速器部件结构简图

1—电动机　2、7、12—O 形环　3、5、10—螺栓　4、6、11—垫圈　8—环　9—减速器　13—J2 臂

J3 轴减速器各部件的详细名称和规格清单见表 5-10。

表 5-10　J3 轴减速器部件清单

序号	名称	规格		单位	数量
1	电动机	A06B-0267-B605		个	1
2	O 形环	JB-OR1A-G125		个	1
3	螺栓	A6-BA-10×35；力矩为 73.5（7.5）；螺栓紧固剂为 Loctite 262		个	18
4	垫圈	A97L-0001-0823#M10H		个	18
5	螺栓	A6-BA-16×45；力矩为 318（32.5）；Loctite 262		个	6
6	垫圈	A97L-0001-0823#M16H		个	6
7	O 形环	A98L-0001-0347#S240		个	1
8	环	A290-7324-X317		个	1
9	减速器	165F 165R 125L	A97L-0218-0357#320E-201	个	1
		200F、200FO、200R、130U	A97L-0218-0357#320E-219	个	1
10	螺栓	A6-BA-12×50；力矩为 128（13.1）；Loctite 262		个	16
11	垫圈	A97L-0001-0823#M12H		个	16
12	O 形环	JB-OR1A-G270		个	1
13	J2 臂	A290-7324-X315		个	1

1）移除 J3 轴减速器：

① 将机器人置于图 5-33 所示的位置，使用吊索悬起机器人，相关零件编号见表 5-10。

注意：移去其J3轴电动机时，如果未按照指定的方式吊起J3轴臂，臂可能会沿重力方向落下，从而导致危险的情形。如果无法按照指定的方式吊起J3轴臂，应上紧臂，确保臂不会移动。可以通过〈轴约束，操作范围更改选项〉选择用于工作范围更改的制动块，用来固定J3轴臂。更换电动机之前，应在跌落方向安装制动块，手动操作机器人臂，直至其足够靠近制动块。

② 切断电源。

③ 拆卸J3到J6轴电动机的电缆，以及所有可选电缆，然后将它们从J2臂拉出。

④ 按照前面介绍的步骤，拆卸J3轴电动机1。

⑤ 移去J2臂安装螺栓3、5以及垫圈4、6。然后移去J3轴单元和双头螺栓。此时，在吊索上施加足够的张力，如图5-34所示。

图5-33 用吊索悬起机器人

图5-34 移去J2臂安装螺栓和垫圈

⑥ 移去减速器安装螺栓10、垫圈11，然后使用双头螺栓，拆卸减速器9，如图5-35所示。

注意：安装J3轴减速器时，将M12六角凹头（头端不少于70mm）放到转矩扳手上上紧。

2) 装配J3轴减速器：

① 使用双头螺栓，安装新的减速器9、螺栓10和垫圈11。此时，检查O形环12是否安装到位，如图5-36所示。相关零件编号如图5-32所示。

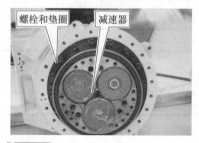

图5-35 移去减速器安装螺栓和垫圈

图5-36 安装螺栓和垫圈

② 在减速器上施加密封剂。

注意：为了进行密封的表面脱脂处理，须将密封剂 Loctite 518 施加到指定区域，尤其是区域 A，如图 5-37 所示，施加密封剂时不得留有间隙。

③ 将 O 形环 7 和环 8 安装到 J2 臂 13 上，如图 5-38 所示。

注意：不要为 O 形环 7 施加润滑脂。润滑脂会阻止密封剂固化，从而导致润滑脂泄漏。如果很难固定 O 形环，则应在 O 形环上使用少量的密封剂，并将 O 形环安装到 J2 臂的 O 形环凹槽中。

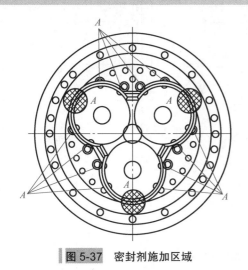

图 5-37 密封剂施加区域

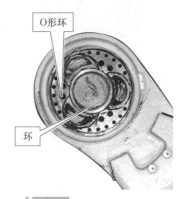

图 5-38 安装 O 形环和环

④ 使用双头螺栓，将 J3 轴单元上紧到 J2 臂 13，如图 5-39 所示。使用螺栓 5 和垫圈 6 紧固。此时，检查 O 形环 7 和环 8 是否安装到位。

注意：安装 J3 单元时，使臂紧密接触匹配部件，以免密封剂被擦掉。检查 O 形环是否安装在正确的位置，检查是否未擦除密封剂。

⑤ 采用前面介绍的步骤，固定 J3 轴电动机 1，如图 5-40 所示。

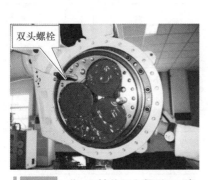

图 5-39 将 J3 轴单元上紧到 J2 臂

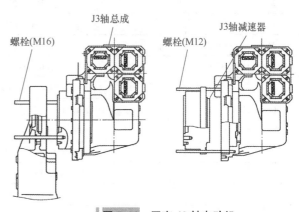

图 5-40 固定 J3 轴电动机

⑥ 安装 J3 到 J6 轴电动机的电缆,以及可选电缆。
⑦ 施加润滑脂。
⑧ 执行校对操作。

5. 更换机械腕轴电动机(M4、M5 和 M6)、机械腕单元和 J4 轴减速器

(1)更换机械腕轴电动机(M4、M5 和 M6) 机械腕轴电动机(M4、M5 和 M6)各部件结构简图如图 5-41 所示。

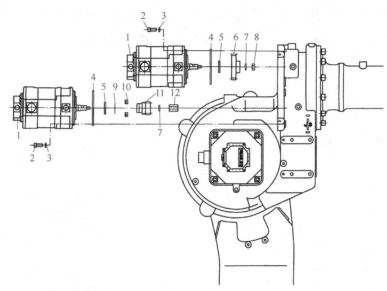

图 5-41 机械腕轴电动机(M4、M5 和 M6)相关结构简图

1—电动机 2—螺栓 3、7—垫圈 4、9—O 形环 5—密封 6、11—齿轮 8、12—螺母 10—轴承

机械腕轴电动机(M4、M5 和 M6)各部件的详细名称和规格清单见表 5-11。

表 5-11 M4、M5 和 M6 电动机部件的详细名称和规格清单

序号	名称	规格		单位	数量
1	电动机	A06B-0235-B605		个	3
2	螺栓	A6-BA-8×20		个	9
3	垫圈	A97L-0001-0823#M8H		个	9
4	O 形环	JB-OR1A-G105		个	3
5	密封	A98L-0004-0771#A03TP		个	3
6	齿轮 J51	A290-7324-X423			
	齿轮 J61	165F、165R、125L	A290-7324-X425		
		200F、200FO、200R、130U	A290-7324-Z425		
7	垫圈	A97L-0001-0610#10		个	3
8	螺母	A6-N1-10×1.25S-M-N1;力矩为 16.7(1.7);紧固剂 Loctite 242		个	2
9	O 形环	A6-OJR-30		个	1

（续）

序号	名称	规格		单位	数量
10	轴承	A97L–0218–0428#0600000		个	1
11	齿轮 J41	165F、165R	A290–7324–X421		
		200F、200FO、200R、130U	A290–7324–Z421		
		125L	A290–7324–Y421		
12	螺母	A290–7321–X409；力矩为 16.7（1.7）；紧固剂 Loctite 242		个	1

1）移除机械腕轴电动机（M4、M5 和 M6）：

① 将机械腕置于特定的位置，使得机械腕轴上没有施加的负载，如图 5-42 所示。相关零件编号如图 5-41 所示。

② 切断电源。

③ 拆卸电动机 1 的三个连接器。

④ 移去三个电动机安装螺栓 2 和垫圈 3。

⑤ 拉出电动机 1，同时小心不要损坏齿轮的表面，如图 5-43 所示。

图 5-42 机械腕置于特定位置

图 5-43 J4 轴传动齿轮位置

⑥ 对于 J4 轴电动机，移去螺母 12 和垫圈 7，拆卸齿轮 J41 11、轴承 10 和 O 形环 9。对于 J5 轴电动机或 J6 轴电动机，移去螺母 8 和垫圈 7，拆卸齿轮 J61 6，拆卸后的电动机如图 5-44 所示。

2）装配机械腕轴电动机（M4、M5 和 M6）：

① 使用油石抛光电动机 1 的法兰面。相关零件编号如图 5-41 所示。

② 对于 J4 轴电动机，安装密封 5 及齿轮 J41 11、轴承 10 和 O 形环 9，以及垫圈 7 和螺母 12。

注意：将齿轮 J41 11 安装到电动机 1 之前，使用夹具 A290–7321–X947，将轴承 10 和 O 形环 9 安装到齿轮 J41 11 上。对于 J5 轴电动机或 J6 轴电动机，安装密封 5 并上紧齿轮 J61 6，以及垫圈 7 和螺母 8。

③ 安装电动机 1，同时应小心不要损坏齿轮表面。安装时，确保 O 形环 4 位于规定的位置。此外，应确保电动机 1 的方向正确，如图 5-45 所示。

图 5-44 拆卸后的 M4、M5 和 M6 电动机

图 5-45 J4、J5、J6 传动轴位置

④ 安装三个电动机螺栓 2 和垫圈 3。
⑤ 将三个连接器安装到电动机 1 上。
⑥ 施加润滑脂。
⑦ 执行校对操作。

> **注意**：上紧螺母 12 时，用 30mm×32mm 或 32mm×36mm 的扳手，抓住齿轮 J41 11。扳手的厚度为 14mm 或更小。要想安装电动机，需要用到不短于 300mm 的 M8 T 形六角扳手。

（2）更换机械腕单元以及 J4 轴减速器 机械腕单元以及 J4 轴减速器各部件结构简图如图 5-46 所示。

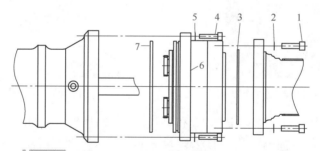

图 5-46 机械腕单元以及 J4 轴减速器各部件结构简图

1、4—螺栓 2、5—垫圈 3、7—O 形环 6—减速器

机械腕单元以及 J4 轴减速器各部件的详细名称和规格清单见表 5-12。

表 5-12 机械腕单元以及 J4 轴减速器部件详细名称和规格清单

序号	名称	规格	单位	数量
1	螺栓	A6-BA-10×35；力矩为 73.5（7.5）；螺栓紧固剂为 Loctite 262	个	12
2	垫圈	A97L-0001-0823#M10H	个	12
3	O 形环	JB-OR1A-G135	个	1
4	螺栓	A6-BA-8×35；力矩为 37.2（3.8）；螺栓紧固剂为 Loctite 262	个	16

(续)

序号	名称	规格	单位	数量
5	垫圈	A97L–0001–0823#M8H	个	16
6	减速器	A97L–0218–0281#70F–45	个	1
7	O 形环	A98L–0040–0041#260	个	1

1）移除机械腕单元以及 J4 轴减速器：

① 移去手柄和工件，除去机械腕的负载。相关零件编号如图 5-46 所示。

② 移去机械腕单元安装螺栓 1 和垫圈 2，然后拆卸机械腕单元。

③ 移去减速器安装螺栓 4 和垫圈 5，然后将 J4 轴减速器 6 从 J3 轴臂上拆卸下来，如图 5-47 所示。

2）装配机械腕单元以及 J4 轴减速器：

① 将 O 形环 7 安装到减速器 6。相关零件编号如图 5-46 所示。

② 使用减速器安装螺栓 4 和垫圈 5，将减速器 6 安装并上紧到 J3 轴臂。

③ 将 O 形环 3 安装到减速器端面的凹槽中。使用机械腕单元安装螺栓 1 和垫圈 2，上紧机械腕单元。

④ 施加润滑脂。

⑤ 执行校对操作。

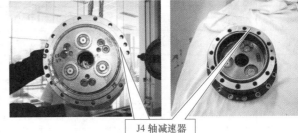

图 5-47　拆卸 J4 轴减速器

6. 更换平衡块

平衡块各部件结构简图如图 5-48 所示。

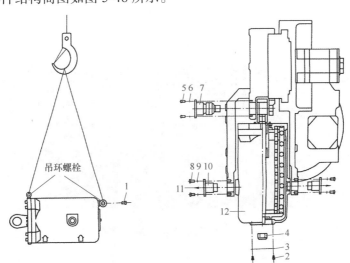

图 5-48　平衡块各部件结构简图

1—圆头螺栓　2、5、8—螺栓　3—盖板　4—U 形螺母　6、9—垫圈　7—轴部件
10—轴　11—润滑脂进油嘴　12—平衡块部件

平衡块各部件的详细名称和规格清单见表 5-13。

表 5-13 平衡块各部件的详细名称和规格清单

序号	名称	规格		单位	数量
1	圆头螺栓	A97L-0080-0007#M12×20		个	1
2	螺栓	A6-BA-6×10		个	2
3	盖板	A290-7324-X391		个	1
4	U形螺母	A97L-0001-0660#BMN133；力矩为319（32.5）		个	1
5	螺栓	A6-BA-6×20		个	4
6	垫圈	A97L-0001-0823#M6H		个	4
7	轴部件	A290-7324-V351		个	1
8	螺栓	A6-BA-8×20		个	8
9	垫圈	A97L-0001-0823#M8H		个	8
10	轴	A290-7324-X382		个	2
11	润滑脂注嘴	A97L-0218-0013#A610		个	2
12	平衡块部件	165F、200F、125L	A290-7324-V301	个	1
		210F	A290-7324-V303		

1) 移除平衡块：

① 确定机器人的方位，以便更换 J2 轴电动机（M2）和减速器。相关零件编号如图 5-48 所示。

② 切断电源。

③ 对于 R-2000iA/165F，移去圆头螺栓 1，将 M8 和 M12 有眼螺栓安装到平衡块上，然后用起重机升起平衡块，如图 5-49 所示。

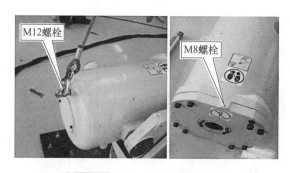

图 5-49 安装 M8 和 M12 螺栓

④ 移去螺栓 2 和盖板 3，松开 U 形螺母 4，消除平衡块上的张力，如图 5-50 所示。

⑤ 移去螺栓 5 和垫圈 6，然后拉出轴部件 7，如图 5-51 所示。

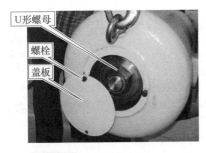

图 5-50　消除平衡块的张力

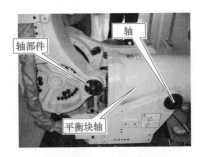

图 5-51　拉出轴部件

⑥ 移去螺栓 8 和垫圈 9，然后移去轴 10。

⑦ 升起平衡块部件 12。

2）装配平衡块：

① 插入轴 10，水平放置分接头，然后安装螺栓 8 和垫圈 9。相关零件编号如图 5-48 所示。

② 插入轴部件 7，然后安装螺栓 5 和垫圈 6。

③ 用指定的力矩上紧 U 形螺母 4，然后用安装螺栓 2 上紧盖板 3。

注意：上紧 U 形螺母时，应使用适合于 M33 或 M42 螺母的力矩扳手，宽度：M33 为 50mm；M42 为 65mm。

④ 移去有眼螺栓（M12、M8），然后安装圆头螺栓 1，如图 5-52 所示。

⑤ 为安装在轴上的润滑脂进油嘴 11 施加润滑脂，如图 5-53 所示。

注意：永远不得拆卸平衡块。这是由于平衡块中含有大的压缩弹簧，如果在没有使用特殊夹具的情况下拆卸了平衡块，内部弹簧将伸展，从而使人员面临危险。更换平衡块时，应更换整个平衡块部件。

图 5-52　安装圆头螺栓

图 5-53　施加润滑脂

工作任务二　工业机器人电缆更换

工业机器人常规使用时，每四年需更换一次电缆。当电缆断裂、损坏或出现磨损时，应及时更换电缆。R-2000iA 机器人的本体电缆分为动力电缆和编码器电缆，更换的方法类似。

一、电缆部件组成

1. 基本电缆组件

更换基本电缆的情况下需准备含有基本电缆的电缆组件，如图 5-54 所示。

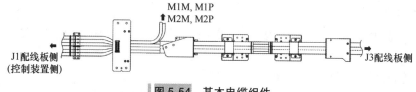

图 5-54　基本电缆组件

2. 可选购项电缆的电缆组件

更换可选购项电缆的情况下需准备含有可选购项电缆的电缆组件，如图 5-55 所示。

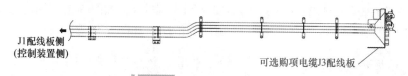

图 5-55　可选购项电缆组件

3. 全部电缆单元

换全部电缆的情况下需准备包含基本电缆单元和可选购项电缆单元的电缆组件，如图 5-56 所示。

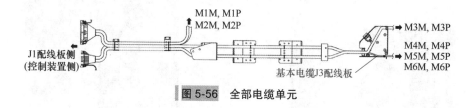

图 5-56　全部电缆单元

二、电缆分布

更换电缆过程中，需要注意各轴电缆夹的位置，在正确的位置固定电缆夹。在用电缆扎带束紧电缆时，需按照标准的位置束紧电缆。若没有在指定位置固定电缆，就会引起电缆松弛或过度拉伸，如图 5-57 所示。

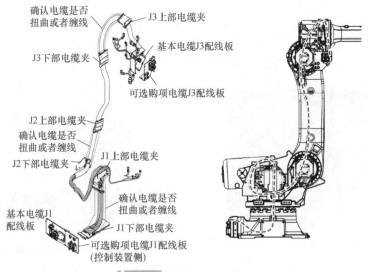

图 5-57 机器人电缆分布

三、注意事项

1）请以每 4 年或者累计运转时间达 15360h 中时间较短一方为大致标准进行电缆更换。此外，电缆断线或者损坏时，请及时更换电缆。

2）更换电动机、脉冲编码器、减速器、电缆以外的情况下，请勿拆除连接器。

3）为保护编码器连接器，J1、J2、J3 轴电动机上装有脉冲编码器连接器盖板。更换电缆时，请在拆除此盖板后再拆除连接器。

4）请勿将接地端子与其他线接在一个端口上。

5）若需进行部件的更换作业，必须接受过机器人操作专业培训。

四、电缆更换工具及准备材料

工业机器人电缆更换所需工具及准备材料清单见表 5-14。

表 5-14 工具及准备材料清单

序号	名称	规格	单位	数量
1	内六角扳手	1.5mm、2mm、2.5mm、3mm、4mm、5mm、6mm、8mm、10mm	套	1
2	斜口钳	5寸（167mm）	把	1
3	十字槽螺钉旋具		把	1
4	一字槽螺钉旋具		把	1
5	鱼嘴钳	6寸（200mm）	把	1
6	退针器		个	1
7	尼龙扎带		卷	若干

五、工业机器人电缆拆装任务实施

1. 拆卸电缆

1）将机器人置于所有轴 0° 的位置（特殊情况也可以置于其他姿态），做好 MC（储存卡）备份和镜像备份，然后断开控制柜的电源，如图 5-58 所示。

2）从机器人底座的配线板拆除控制柜侧的电缆，如图 5-59 所示。

图 5-58　机器人置于所有轴 0° 的位置

图 5-59　拆除控制柜侧的电缆

3）将配线板拆除，如图 5-60 所示。

4）将本体电缆与外罩分离，如图 5-61 所示。

图 5-60　拆除配线板

图 5-61　将本体电缆与外罩分离

5）将电池盒接线端子拆除，如图 5-62 所示。

6）将 J1 底座的内部接地端子拆除，如图 5-63 所示。

图 5-62　将电池盒接线端子拆除

图 5-63　将 J1 底座的内部接地端子拆除

7）将本体电缆插头完全分离，如图 5-64 所示。

8）拆除 J1、J2 轴编码器插头盖板，然后各轴拆除编码器插头（拔除编码器插头会导致零位,除更换电动机、编码器、减速器、电缆等情况外,请勿拆除编码器插头),如图 5-65 所示。

图 5-64　将本体电缆插头完全分离

图 5-65　拆除 J1、J2 轴编码器插头盖板

9)拆除电缆各轴的动力接头,如图 5-66 所示。

10)拆除电缆各轴的制动接头,如图 5-67 所示。

图 5-66　拆除电缆各轴的动力接头

图 5-67　拆除电缆各轴的制动接头

11)拆除 J2 轴基座上的盖板,如图 5-68 所示。

12)拆除 J1 轴上侧夹紧电缆的盖板,如图 5-69 所示。

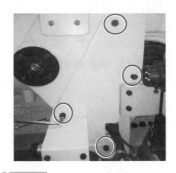

图 5-68　拆除 J2 轴基座上的盖板

图 5-69　拆除 J1 轴上侧夹紧电缆的盖板

13)拆除 J1 轴基座内的板,拆除固定电缆夹的螺栓,如图 5-70 所示。

14)将本体哈丁头从 J1 底座管部拉出,如图 5-71 所示。

图 5-70 拆除固定电缆夹的螺栓

图 5-71 从 J1 底座管部拉出本体哈丁头

15）拆除 J2 轴侧板的固定螺栓，如图 5-72 所示。
16）拆除 J2 轴机械臂的盖板，如图 5-73 所示。

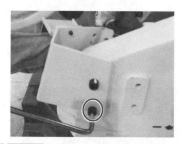

图 5-72 拆除 J2 轴侧板的固定螺栓

图 5-73 拆除 J2 轴机械臂的盖板

17）拆除电缆的夹紧盖板，如图 5-74 所示。
18）拆除电缆的防护布，如图 5-75 所示。

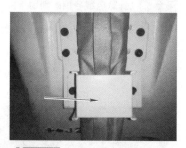

图 5-74 拆除电缆的夹紧盖板

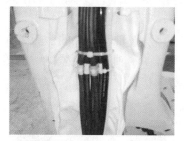

图 5-75 拆除电缆的防护布

19）拆除 J3 轴外壳的正面配线板，如图 5-76 所示。
20）拆除 J3 轴外壳的左侧盖板 1，如图 5-77 所示。
21）拆除 J3 轴外壳的左侧盖板 2，如图 5-78 所示。
22）拆除 J3 轴外壳右侧走线板，如图 5-79 所示。
23）将 J3～J6 轴电缆穿过铸孔，并将其拉到正侧面，如图 5-80 所示。
24）切断束紧更换电缆的尼龙扎带，从而拆除电缆。

2. 安装电缆

1）将电缆用尼龙扎带束紧后，用螺栓将电缆固定在 J2 轴机械臂上，如图 5-81 所示。

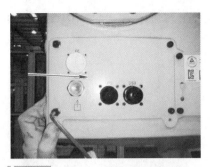

图 5-76 拆除 J3 轴外壳的正面配线板

图 5-77 拆除 J3 轴外壳的左侧盖板 1

图 5-78 拆除 J3 轴外壳的左侧盖板 2

图 5-79 拆除 J3 轴外壳右侧走线板

图 5-80 将 J3～J6 轴电缆穿到正侧面

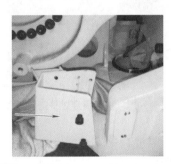

图 5-81 用螺栓将电缆固定在 J2 轴机械臂上

2）将盖板安装到 J2 机械臂上，如图 5-82 所示。

3）新电缆在需要固定并扎紧的部位有黄色胶带标记，按照标记固定并束紧扎带（绑定部位过后或者过前均会导致走线不顺畅），如图 5-83 所示。

图 5-82 将盖板安装到 J2 机械臂上

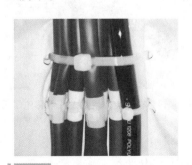

图 5-83 按照标记固定并束紧扎带

4）用扎带将电缆束紧，将 J1 轴的上侧盖板固定在 J2 轴基座上，如图 5-84 所示。

5）安装好侧边的盖板，如图 5-85 所示。

图 5-84　将 J1 轴的上侧盖板固定在 J2 轴基座上

图 5-85　安装侧边盖板

6）将电缆穿过平衡缸下侧，注意修整电缆，避免电缆与平衡缸相互干扰，如图 5-86 所示。

7）将电缆从 J1 轴管孔穿过，如图 5-87 所示。

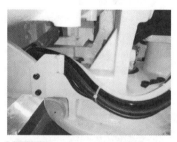

图 5-86　将电缆穿过平衡缸下侧

图 5-87　将电缆从 J1 轴管孔穿过

8）将电缆拉到 J1 轴基座后侧，在线夹处用尼龙扎带将电缆固定好，如图 5-88 所示。

9）如果是更换本体编码器电缆，需要用退针器将 30、37 号针脚的短接插头（超程信号）退出，装到新的电缆当中，如图 5-89 所示。

图 5-88　在线夹处用尼龙扎带将电缆固定

图 5-89　用退针器将 30、37 号针脚的短接插头退出

10）将哈丁头固定在配线板上，将地线接好，电池盒电缆接好（注意正负极，不要装反），如图 5-90 所示。

11）将J3～J6轴电动机插头从J3轴外壳侧穿过其中的铸孔，如图5-91所示。

图5-90　将哈丁头固定在配线板上

图5-91　将J3～J6轴电动机插头从J3轴外壳侧穿过铸孔

12）将J3～J6轴电缆固定在安装板上，如图5-92所示。

13）将J3轴外壳的各个盖板安装好，如图5-93所示。

图5-92　将J3～J6轴电缆固定在安装板上

图5-93　安装J3轴外壳的各个盖板

14）将各轴的电动机编码器、制动接头、动力接头连接好。安装好J1、J2轴的编码器保护板，如图5-94所示。

15）检查各个盖板螺栓是否齐全且拧紧，如图5-95所示。

图5-94　连接各轴的电动机编码器、制动接头、动力接头

图5-95　检查各个盖板螺栓是否齐全且拧紧

16）接通电源，重新校准机器人零位，检查机器人状态是否正常。

思 考 题

一、填空题

1. FANUC 机器人使用的是_____脉冲编码器。
2. _____装置拆卸的目的是对装置进行维修、检查、保养、清洗和回收。
3. 为了释放伺服电动机的逆向电场强度,在伺服放大器上接一个_____。
4. 工业机器人驱动装置可划分为_____、_____、_____。
5. 焊接电源是由_____供电,机器人是由_____供电。
6. 当更换机器人机身电池时,设备的电源应保持_____的状态。
7. FANUC 机器人预防性维修包括_____、_____和_____。
8. 设备转动或者长期反复运行需要使用_____电缆。
9. 机器人编码器电源线断开需要进行_____。

二、选择题

1. 下列不属于伺服控制系统组成部件的是(   )。
   A. 执行环节   B. 检测环节   C. 控制器   D. 报警环节
2. 机器人中底层支承部件是(   )。
   A. 机身   B. 基座   C. 臂部   D. 手部
3. 下列属于工业机器人结构的是(   )。
   A. 串联机器人结构   B. 平面关节机器人结构
   C. 并联机器人结构   D. 以上都是
4. 下列不属于机械工具的是(   )。
   A. 内六角扳手   B. 剥线钳   C. 游标卡尺   D. 水平尺
5. 下列不属于谐波减速器特点的是(   )。
   A. 精度高   B. 效率高   C. 结构复杂   D. 体积小
6. 一般地,示教器、操作箱连接电缆、工业机器人连接电缆有无损坏的检查周期是(   )。
   A. 不检查   B. 36 个月   C. 3 个月   D. 12 个月
7. (   )是用来将电源线、数据线等线材规范地整理固定在工作台上或者墙上的电工用具。
   A. 集线器   B. 线槽   C. 装线管   D. 电线柜
8. 国标内六角扳手的规格不包括(   )。
   A. 1.5   B. 2.5   C. 3.5   D. 4
9. 关于操作使用工业机器人时操作人员需要注意的事项,以下说法错误的是(   )。
   A. 操作人员和工业机器人控制柜、操作盘、工件及其他的夹具等接触,不会发生人身伤害
   B. 不要强制扳动、悬吊、骑坐在工业机器人上,以免发生人身伤害或者设备损坏

C. 禁止倚靠在工业机器人或其他控制柜上，不要随意按动开关或者按钮，否则会发生意想不到的动作，造成人身伤害或者设备损坏

D. 通电中，未受培训的人员接触工业机器人控制柜和示教编程器时，误操作不会导致人身伤害或者设备损坏

10. 下列不属于日常维护项目选项的是（　　）。

A. 渗油的确认

B. 气压组件的确认

C. 振动异响的确认

D. 机械制动器的确认

项目六

机器人夹具与气动平口钳安装与调试

学习目标 ▶

1. 了解机器人夹具的机械结构与特点。
2. 掌握机器人夹具的安装与调节。
3. 了解气动平口钳机械结构与特点。
4. 掌握气动平口钳的安装。

重点和难点 ▶

1. 机器人夹具快换的安装。
2. 气动平口钳水平调试。

延伸阅读 ▶

延伸阅读

工业机器人可有效提高制造业的生产效率，而夹具作为工业机器人重要的部件之一，可实现高效化的生产。工业机器人夹具常见的用途是在制造中抓取或包围零件以进行拾取、转移并放置物件等操作，工业机器人夹具可以是标准化的或定制设计的，以适应机器人设备必须抓取的工件的物理规格。工业机器人夹具具备可调节的力和行程特性等特点，使机器人设备能够以类似人类的精度和灵巧度执行任务。工业机器人夹具手指的数量因型号而异，但大多数工业机器人夹具有 2～4 根手指。下面以 YL-569F 型智能仓储与工业机器人实训设备为例，学习机器人手夹与气动平口钳安装与调试，如图 6-1 所示。

图 6-1　YL-569F 型智能仓储与工业机器人实训设备

项目 六 机器人夹具与气动平口钳安装与调试

工作任务一　机器人快换装置与夹具的机械安装与调试

一、快换装置

工业机器人工具快换盘分为机器人侧（主盘）和工具侧（工具盘），机器人侧安装在机器人前端手臂上，工具侧安装在执行工具上（工具是焊钳、抓手等），工具快换装置能快捷地实现机器人侧与执行工具之间电、气、液相通。一个机器人侧可以根据用户的实际情况与多个工具侧配合使用，增加机器人生产线的柔性制造能力、效率，降低生产成本。

快换装置由一个主盘与一个工具盘组成，如图 6-2 所示。

1. 技术特性

1）可负载 8kg（78.4N）。
2）重量轻。
3）自带 6 路支持自密封功能的气路通道。
4）采用钢珠锁紧方式。
5）采用机械式故障保险机构，即使主盘意外断气，主盘与工具盘也不会分离。

a) 主盘　　　　　b) 工具盘

图 6-2　QT-005 快换装置

2. 主要部件

QT-005 由一个机器人侧主盘（图 6-3）以及一个或多个工具侧工具盘（图 6-4）组成，它们被安装在机械手或工具法兰上。

图 6-3　主盘

3. 功能

快换装置的闭锁基于机器人侧的钢珠，钢珠通过活塞夹在工具侧的凹处，如图 6-5 所示。钢珠以对称方式排列在分度盘上，通过弹簧和压缩空气使钢珠保持在闭锁机器人侧的位置中。

4. 快换装置原理

QT-005 的锁紧是通过弹簧和压缩空气推动活塞和凸轮，使钢珠被夹在工具盘中，此时快换装置处于锁紧状态，其工作过程如图 6-6 所示。

（1）锁紧过程说明　图 6-6a、b、c 分别表示了快换装置的不同状态，其锁紧的动作顺序：图 6-6a→图 6-6b→图 6-6c。

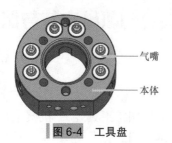

图 6-4 工具盘

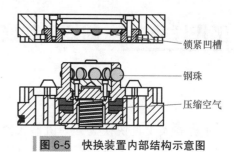

图 6-5 快换装置内部结构示意图

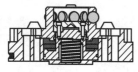

a) 快换装置松开状态

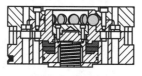

b) 主盘和工具盘对接状态

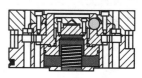

c) 快换装置锁紧状态

图 6-6 快换装置工作过程

1）压缩空气通过 U 口向机器人侧持续供气，使活塞向下运动至气缸底部，凸轮收回，解锁机器人侧。此时钢珠处于自由状态。

2）机器人侧向工具盘移动，钢珠接触锁紧钢环后向内移动（此时 U 气口持续通气）。工具盘与机器人侧贴合。

3）压缩空气通过 C 口向机器人侧持续供气，活塞向上运动，凸轮顶出，将钢珠推入锁紧凹槽内。此时快换装置处于锁紧状态。

（2）松开过程说明　其松开的动作顺序：图 6-6c → 图 6-6b → 图 6-6a。

1）压缩空气通过 U 气口向机器人侧供气，解锁机器人侧。

2）机器人侧离开工具盘，快换装置处于松开状态。

5. 快速接线型电信号模块

快换装置中使用的信号传输装置为电信号模块，如图 6-7 所示。

二、夹具装置

平行气缸夹爪是一种特定类型的气动执行器（夹具装置），通常涉及表面的平行或角运动，也称为"工具夹爪或手指"，用于夹持物体。当与其他气动、电动或液压元件结合使用时，夹具装置可用作"拾取和放置"系统的一部分，将允许拾取元件并将其放置在其他地方。图 6-8 所示为某机器人夹具装置。

1. 工作原理

平行气缸夹爪是利用压缩空气进行运动的。夹持器连接到压缩空气供应气路，当气压施加在活塞上时，夹持器关闭；当压力释放时，夹持器打开。管理夹持器中力的唯一方法是管理进气口（或阀门）中的气压。

图6-7 快速接线型电信号模块

图6-8 夹具装置

2. 类型

气动手指又称手指气缸,是气动行业中的一种专业夹具,按照其功能特性可分为四大类。

(1) 平行夹爪　其手指是通过两个活塞动作的。每一活塞由一个滚轮和一个双曲柄与气动手指相连,形成一个特殊的驱动单元。这样,气动手指总是轴向对心移动,每个手指是不能单独移动的。如果手指反向移动,则先前受压的活塞处于排气状态,而另一个活塞处于受压状态。

平行夹爪由单活塞驱动,轴心带动曲柄,两片爪片上各有一个相对应的曲柄槽。为减小摩擦阻力,爪片与本体连接为钢珠滑轨结构。

(2) 摆动夹爪(Y形夹爪)　摆动夹爪的活塞杆上有一个环槽,由于手指耳轴与环形槽相连,因而手指可同时移动且自动对中,并确保抓取力度始终恒定。

(3) 旋转夹爪　旋转夹爪的动作是按照齿条的啮合原理工作的。活塞与一根可上下移动的轴固定在一起。轴的末端有三个环开槽,这些槽与两个驱动轮啮合。因而,气动手指可同时移动并自动对中,齿轮齿条原理确保抓取力度始终恒定。

(4) 三点夹爪　三点夹爪的活塞上有一个环形槽,每一个曲柄与一个气动手指相连,活塞运动能驱动三个曲柄动作,因而可以控制三个手指同时打开或并拢。

3. 内部结构

平行气缸内部结构如图6-9所示。

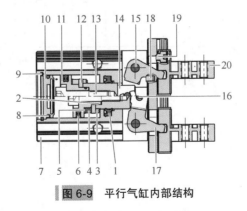

图6-9 平行气缸内部结构

平行气缸内部结构序号对应名称见表6-1。

表 6-1　平行气缸内部结构名称

序号	名称	材质	序号	名称	材质
1	轴芯 O 形圈	NBR	11	活塞	铝合金/不锈钢
2	O 形环	NBR	12	磁铁固定片	不锈钢
3	防撞垫（环）	TPU	13	内六角沉头螺钉	合金钢
4	磁铁	烧结钕铁硼	14	活塞杆	铝合金/不锈钢
5	磁铁垫片	NBR	15	销	不锈钢
6	活塞 O 形圈	NBR	16	销	不锈钢
7	本体	铝合金	17	曲杆	不锈钢
8	O 形环	NBR	18	销	不锈钢
9	C 形扣环	弹簧钢	19	内六角沉头螺钉	合金钢
10	后盖	铝合金	20	夹爪与导轨组合	合金钢

三、气动原理及电气连接

1. 快换装置的气动原理

快换装置的气动原理如图 6-10 所示。

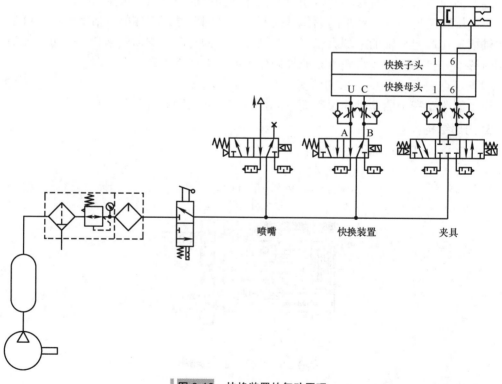

图 6-10　快换装置的气动原理

2. 电气连接

快换装置的电气信号主要由机器人的 EE 接口提供，如图 6-11 所示。通过电信号模块进行转接，从而实现机器人控制。

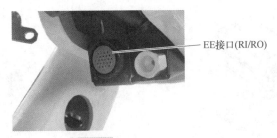

图 6-11 EE 接口（RI/RO）

EE 接口为机器人内置信号控制接口，不需要额外地外置管线包，EE 接头可定义 8 个 RI 接口及 8 个 RO 接口，如图 6-12 所示。

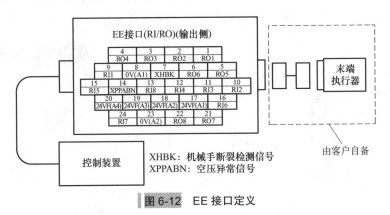

图 6-12 EE 接口定义

四、任务实施

1. 快换装置的安装

1）将法兰转接座安装在机器人末端法兰上，如图 6-13 所示。

2）使用内六角扳手将快换主盘安装在机器人末端法兰转接座上，如图 6-14 所示。

图 6-13 安装法兰转接座

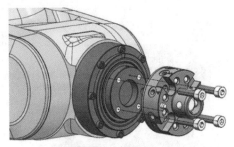

图 6-14 快换主盘安装

2. 气动手指的安装

1）将气动手指安装在气缸上，如图 6-15 所示。

2）将快换工具盘安装在气动手指气缸上，如图 6-16 所示。

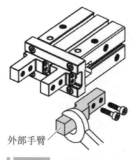

图 6-15　安装气动手指

图 6-16　快换工具盘安装

3）将到位信号传感器插入气缸槽中调整位置，如图 6-17 所示。

4）将节流阀及气动接头安装在气动手指、快换装置上，如图 6-18 所示。

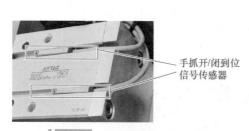

图 6-17　到位信号传感器安装

图 6-18　节流阀安装

5）将电磁阀安装在转接板上，再将转接板安装在机器人上，如图 6-19 所示。

3. 电气连接

将手爪上的到位信号传感器及电磁阀线圈信号线连接至机器人 EE 接口，如图 6-20 所示。

图 6-19　电磁阀安装

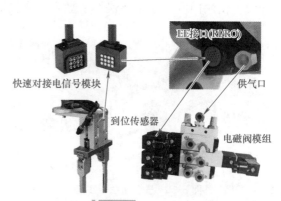

图 6-20　电气连接

五、功能验证

步骤1：将机器人控制柜的钥匙开关转至【T1】档，如图6-21所示。然后将示教器左上角的示教器有效开关转到【ON】，如图6-22所示。

图6-21 机器人控制柜开关

图6-22 示教器开关

步骤2：示教器根据步骤进入最终机器人IO界面，依次选择【I/O】→【F1类型】→【6机器人】，光标移到【RO1】，按F4【ON】将RO1输出，如图6-23所示。对应的【快换】电磁阀就会接通并亮灯，并将快换夹具放置在机器人末端，按F5【OFF】后快换夹具被固定在机器人末端。

要求：RO1为【快换】，RO2为【夹具夹紧】，RO3为【夹具打开】，RO4为【吹气】，依次进行测试。

步骤3：将光标移到【RO2】，按F4【ON】将RO2输出，如图6-24所示。对应的【夹具夹紧】电磁阀就会接通并亮灯，同时夹具夹紧，打开到位后按F3【I/O】切换到输入信号，【RI2】已接通，如图6-25所示。

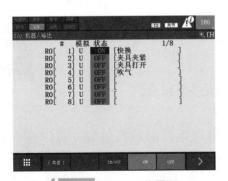

图6-23 RO1工作界面

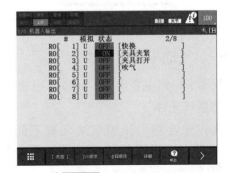

图6-24 RO2工作界面

步骤4：按F5【OFF】将RO2断开，将光标移到【RO3】，按F4【ON】将RO3输出，如图6-26所示。对应的【夹具打开】电磁阀就会接通并亮灯，同时夹具打开，打开到位后按F3【I/O】切换到输入信号【RI1】已接通，如图6-27所示。

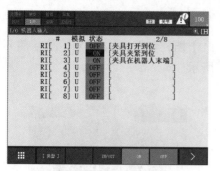

图 6-25 RI2 工作界面

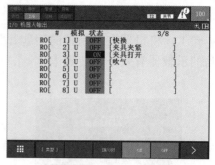

图 6-26 RO3 工作界面

步骤 5：光标移到【RO4】，按 F4【ON】将 RO4 输出，如图 6-28 所示。对应的【吹气】电磁阀就会接通并亮灯，同时机器人末端的喷嘴喷气，测试完毕后按 F5【OFF】关闭。

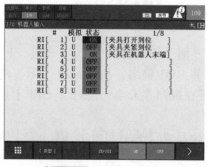

图 6-27 RI1 工作界面

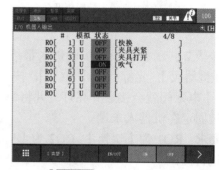

图 6-28 RO4 工作界面

工作任务二　机床气动平口钳安装与调试

一、气动平口钳组成

气动平口钳主要由执行元件、控制元件、辅助元件等组成。

1. 执行元件

执行元件利用压缩空气实现不同的动作，驱动不同的机械装置，可以实现往复直线运动、旋转运动及摆动等。典型执行元件包括气缸、摆动气缸、气马达等，如图 6-29 所示。

2. 控制元件

控制元件由主控元件、信号处理及控制元件组成，其中主控元件主要控制执行元件的运动方向；信号处理及控制元件主要控制执行元件的运动速度、时间、顺序、行程及系统压力等。典型控制元件包括换向阀、顺序阀、

图 6-29 执行元件

压力控制阀和调速阀等,如图6-30所示。

3. 辅助元件

连接元件之间所需的一些元器件,以及对系统进行消音、冷却、测量等的一些元件。典型辅助元件包括气管、过滤器、油雾器和消声器等,如图6-31所示。

图6-30 控制元件

图6-31 辅助元件

4. 气压传动的特点

(1) 优点

1) 以空气为工作介质,提取方便,用后可排入大气,能源可储存,成本低廉。
2) 气体黏度小,因此流动时能量损失小,便于集中供气和远距离输送。
3) 动作迅速,反应快,调节方便,维护简单,易于实现过载保护及自动控制。
4) 工作环境适应性强,在易燃、易爆、振动等环境下仍能可靠地工作。
5) 气动元件结构简单,重量轻,安装维护简单。

(2) 缺点

1) 由于空气具有可压缩性,气缸的动作速度受负载变化的影响较大。
2) 工作压力较低,气压传动不适用于重载系统。
3) 有较大的排气噪声。
4) 因空气无润滑性能,需另加给油装置提供润滑。
5) 气压传动系统有泄漏,因而有能量损失,应尽可能减少泄漏。

二、机械结构

气动平口钳机械结构如图6-32所示。

三、气动平口钳控制过程

当在手动或自动模式下执行平口钳的张开或夹紧时,数控系统输出Y信号,控制中间电磁阀线圈吸合,进而控制平口钳动作,如图6-33所示。

四、气动原理

气压传动是以空气为工作介质进行能量传递的一种传动形式,其工作原理是利用空气压缩机把电动机的机械能转化为空气的压力能,然后在控制元件的控制下,通过执行元件把压力能转化为机械能,从而完成各种动作并对外做功。气动平口钳气动原理如图6-34所示。

智能制造装备机械装配与调试

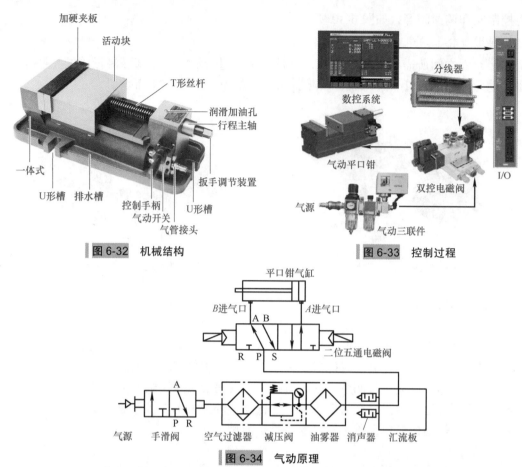

图 6-32 机械结构

图 6-33 控制过程

图 6-34 气动原理

五、任务实施步骤

1. 平口钳安装

将平口钳放置在机床工作台适当位置,并使用呆扳手将固定螺母拧紧,如图 6-35 所示。

2. 气路连接

如图 6-36 所示,气源经由气动三联件进行空气杂质过滤、减压控制到达电磁阀端,通过电磁阀控制平口钳动作。

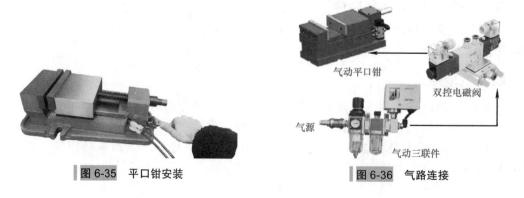

图 6-35 平口钳安装

图 6-36 气路连接

3. 电路连接

通过分线器模块将信号的输入/输出反馈给系统，如图 6-37 所示。

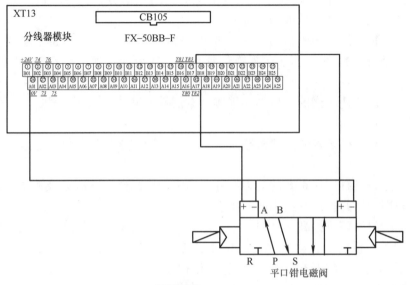

图 6-37 电路连接

4. 功能验证

在手动模式下按操作面板上的"K1"键，如图 6-38 所示。或者程序执行"M72"时，根据实训设备电气原理图分析可知，数控系统输出 Y8.2 信号，控制中间电磁阀线圈吸合，进而控制平口钳动作。

图 6-38 操作面板

思考题

一、填空题

1. 夹持式取料手部分为_____、_____和弹簧式三种。夹钳式取料手一般由手指、_____、_____和支架组成。

2. 机器人工具快换装置,又叫_____、_____、_____、_____、_____、_____等,它是工业机器人行业使用在末端执行器的一种柔性连接工具。

3. _____是高性能工业机器人系统上主要的组成部分,能够使机器人充分发挥性能,完成多种作业,提高机器人的性价比。

4. _____被广泛应用于自动点焊、弧焊、材料抓举、冲压、检测、卷边、装配、材料去除、毛刺清理(打磨)、包装等操作,具有生产线更换快速、有效减少停工时间等多种优势。

5. _____能够让不同的介质例如气体、电信号、液体、视频信号、超声等从机器人手臂连通到末端执行器。

6. 机器人工具快换装置通过使机器人_____不同的末端执行器或_____,使机器人的应用更具柔性。

7. _____是气缸中最重要的受力零件。通常使用高碳钢,表面经镀硬铬处理,或使用不锈钢以防腐蚀,并提高密封圈的耐磨性。

8. 活塞上的耐磨环可提高气缸的_____,减少活塞密封圈的磨耗,减少摩擦阻力。

9. 杆侧端盖上设有_____,以提高气缸的导向精度,承受活塞杆上少量的横向负载,减小活塞杆伸出时的下弯量,延长气缸使用寿命。

10. 缸筒的内径大小代表了气缸输出力的大小。活塞要在缸筒内做平稳的往复滑动,缸筒内表面的表面粗糙度 Ra 应达到_____。

11. 气动三联件由_____、_____、_____组成。

12. _____的作用是滤除压缩空气中的油污、水分和灰尘等杂质。

13. _____是一种利用气体压力使阀芯移动,实现换向的气动控制元件。

14. 气压传动系统由_____、_____、_____、_____组成。

15. _____是以空气为工作介质进行能量传递的一种传动形式。

16. 气压传动通过_____把压力能转化为机械能,从而完成各种动作并对外做功。

17. 气压传动在工作环境中适应性强,在_____、_____、_____等环境下仍能可靠地工作。

二、选择题

1. 工业机器人技术的发展方向是( )。
①智能化;②自动化;③系统化;④模块化;⑤拟人化
A. ①②③④   B. ①②③⑤   C. ①③④   D. ②③④

2. 夹持式手部分为三种,分别是( )。
①夹钳式;②气吸附;③弹簧式;④钩拖式;⑤磁吸附
A. ①②③   B. ①③④   C. ③④⑥   D. ①④⑤

3. 机器人工具快换装置包含( )个部分。
A. 1   B. 2   C. 3   D. 4

4. 如果末端装置、工具或周围环境的刚性很高,那么机械手要执行与某个表面有接触的操作作业将会变得相当困难,此时应该考虑( )。
A. PID控制   B. 模糊控制   C. 最优控制   D. 柔顺控制

5. 夹钳式取料手用来加持方形工件,一般选择(　　)指端。
A. 平面　　　　B. V形　　　　　　C. 一字形　　　　D. 球形
6. 夹钳式取料手用来加持圆柱形工件,一般选择(　　)指端。
A. 平面　　　　B. V形　　　　　　C. 一字形　　　　D. 球形
7. 平移型传动机构主要用于加持(　　)工件。
A. 圆柱形　　　B. 球形　　　　　　C. 平面形　　　　D. 不规则形状
8. 使用一台通用机器人,要在作业时能自动更换不同的末端操作器,就需要配置(　　)。
A. 柔性手腕　　B. 真空吸盘　　　　C. 换接器　　　　D. 定位销
9. 手爪的主要功能是抓住工件、握持工件和(　　)工件。
A. 固定　　　　B. 定位　　　　　　C. 释放　　　　　D. 触摸
10. 气吸附式取料手要求工件表面(　　)、干燥清洁,同时气密性好。
A. 粗糙　　　　B. 凹凸不平　　　　C. 平缓突起　　　D. 平整光滑
11. 气动手指运行检测安装(　　)个磁性开关。
A. 1　　　　　B. 2　　　　　　　C. 3　　　　　　D. 4
12. 气压传动系统中的安全阀是指(　　)。
A. 溢流阀　　　B. 减压阀　　　　　C. 顺序阀
13. 平口钳、分度头、回转工作台属于(　　)夹具。
A. 通用　　　　B. 专用　　　　　　C. 通用或专用
14. 铣床上用的平口钳属于(　　)。
A. 通用夹具　　B. 专用夹具　　　　C. 成组夹具　　　D. 组合夹具
15. 钻孔时,对于可用于钻大孔或不便用机用平口钳装夹的工件,应使用(　　)方法进行装夹。
A. V形架装夹　B. 压板装夹　　　　C. 角铁装夹　　　D. 手虎钳装夹
16. 在平口钳上加工两个相互垂直的平面中的第二个平面,装夹时已完成平面靠住固定钳口,活动钳口一侧应该(　　)。
A. 用钳口直接夹紧,增加夹紧力
B. 用两平面平行度好的垫铁放在活动钳口和工件之间
C. 在工件和活动甜口之间水平放一根细圆柱
D. 其他三种方法中任何一种都可以
17. 为使工件贴紧垫铁块,用平口钳夹紧工件敲打工件表面时应使用(　　)。
A. 铁锤　　　　B. 铜棒　　　　　　C. 扳手

参 考 文 献

[1] 李昊. 数控机床装调维修工：中级 [M]. 北京：机械工业出版社，2012.
[2] 陈泽宇. 数控机床机械装调 [M]. 广州：广东高等教育出版社，2021.
[3] 袁宗杰. 华中系统数控机床装调与维修 [M]. 北京：中国劳动社会保障出版社，2017.
[4] 郑小年. 数控机床装调与维修综合实训：全国职业院校技能大赛典型案例 [M]. 北京：高等教育出版社，2012.
[5] 刘朝华. 数控机床装调实训技术 [M]. 北京：机械工业出版社，2017.
[6] 韩志国，高红宇. 数控机床装调与检测 [M]. 北京：化学工业出版社，2017.
[7] 何四平. 数控机床装调与维修 [M]. 北京：机械工业出版社，2017.
[8] 韩鸿鸾. 数控机床电气系统装调与维修一体化教程 [M]. 2版. 北京：机械工业出版社，2021.
[9] 曹健. 数控机床装调与维修 [M]. 2版. 北京：清华大学出版社，2016.
[10] 李文，邓名姣，高健，等. 数控机床机械装调技术 [M]. 西安：西安电子科技大学出版社，2022.
[11] 王桂莲. 数控机床装调维修技术与实训 [M]. 北京：机械工业出版社，2015.
[12] 叶晓刚. 数控机床装调与维修一体化实训教程 [M]. 昆明：云南大学出版社，2020.
[13] 人力资源社会保障部职业能力建设司. 机床装调维修工：数控 [M]. 北京：中国劳动社会保障出版社，2020.
[14] 徐晓风. 数控机床机械结构与装调工艺 [M]. 北京：机械工业出版社，2018.
[15] 高红宇，李艳霞. 数控机床机械装调维修 [M]. 北京：化学工业出版社，2017.
[16] 尤东升. 数控机床机械装调与维管技术 [M]. 南京：东南大学出版社，2015.